Mitarbeiterbefragung

Praxis der Personalpsychologie
Human Resource Management kompakt
Band 39

Mitarbeiterbefragung

Prof. Dr. Karsten Müller, Prof. Dr. Regina Kempen, Dr. Tammo Straatmann

Karsten Müller
Regina Kempen
Tammo Straatmann

Mitarbeiterbefragung

Organisationales Feedback wirksam gestalten

Prof. Dr. Karsten Müller, geb. 1972. 1994–2001 Studium der Psychologie in Mannheim und San Diego. 2006 Promotion. 2007–2010 Juniorprofessor für Wirtschaftspsychologie an der Universität Mannheim. Seit 2011 Professor für Arbeits- und Organisationspsychologie mit Schwerpunkt Interkulturelle Wirtschaftspsychologie an der Universität Osnabrück.

Prof. Dr. Regina Kempen, geb. 1985. 2005–2011 Studium der Psychologie in Freiburg. 2011–2020 Wissenschaftliche Mitarbeiterin an der Professur für Arbeits- und Organisationspsychologie mit Schwerpunkt Interkulturelle Wirtschaftspsychologie an der Universität Osnabrück. 2016 Promotion. 2020–2021 Vertretungsprofessorin für Arbeits- und Organisationspsychologie an der Universität Würzburg. Seit 2021 Professorin für Arbeits-, Organisations- und Personalpsychologie an der Hochschule Aalen.

Dr. Tammo Straatmann, geb. 1980. 2001–2008 Studium der Psychologie in Oldenburg und Mannheim. 2008–2011 Wissenschaftlicher Mitarbeiter an der Universität Mannheim. Seit 2011 Wissenschaftlicher Mitarbeiter an der Professur für Arbeits- und Organisationspsychologie mit Schwerpunkt Interkulturelle Wirtschaftspsychologie der Universität Osnabrück. 2018 Promotion.

Bibliografische Information der Deutschen Nationalbibliothek
Die Deutsche Nationalbibliothek verzeichnet diese Publikation in der Deutschen Nationalbibliografie; detaillierte bibliografische Daten sind im Internet über http://dnb.dnb.de abrufbar.

Hogrefe Verlag GmbH & Co. KG
Merkelstraße 3
37085 Göttingen
Deutschland
Tel. +49 551 999 50 0
Fax +49 551 999 50 111
info@hogrefe.de
www.hogrefe.de

Umschlagabbildung: © iStock.com by Getty Images / Davizro
Satz: Matthias Lenke, Weimar
Druck: mediaprint solutions GmbH, Paderborn
Printed in Germany
Auf säurefreiem Papier gedruckt

1. Auflage 2021

(E-Book-ISBN [PDF] 978-3-8409-3016-4; E-Book-ISBN [EPUB] 978-3-8444-3016-5)
ISBN 978-3-8017-3016-1
https://doi.org/10.1026/03016-000

Inhaltsverzeichnis

Karten:

1 Einleitung: Mitarbeitendenbefragung (MAB)

1.1 Einordnung des Gegenstandsbereichs

Die Mitarbeitendenbefragung (MAB) hat sich fest im Standardrepertoire der Personalarbeit etabliert. So zeigen Studien über die Verwendungshäufigkeit eine weite und zunehmende Verbreitung sowohl im deutschsprachigen als auch im internationalen Raum. Beispielsweise fanden Frieg und Hossiep (2018), dass 88,5 % der größeren Organisationen, die sich an ihrer umfangreichen Studie zu MABs im deutschsprachigen Raum beteiligt haben, MABs mindestens einmal durchgeführt haben und dass die regelmäßige Durchführung von 81 % dieser Organisationen angegeben wurde. Dabei zeigt sich zudem eine deutliche Steigerung (2008: 80 % Durchführung; 64 % regelmäßige Nutzung) gegenüber der 10 Jahre älteren Vergleichsstudie (Hossiep & Frieg, 2008).

Die MAB wird zudem globaler verwendet. So berichteten Borg und Mastrangelo (2008) rückblickend auf die vergangenen 30 Jahre eine zunehmende Verbreitung auch in Ländern, in denen MABs zuvor noch weniger genutzt wurden. Basierend auf einer umfangreichen Studie über 14 Länder lieferte Wiley (2010) ebenfalls Schätzungen zur internationalen Verbreitung. Danach wurden MABs in Frankreich, Italien, Japan, Russland, Saudi-Arabien, Spanien und den Vereinigten Arabischen Emiraten eher wenig verwendet (Verbreitung: 34–49 %), Brasilien und Deutschland wiesen eine mittelmäßige Verwendung auf (Verbreitung: 50–59 %), wobei Kanada, China, Indien, UK sowie die USA den höchsten Verwendungsanteil aufwiesen (Verbreitung: 60–72 %). Ähnlich wie von Kraut (2006a) beschrieben, zeigte sich auch in dieser Studie, dass MABs in größeren Organisationen stärker genutzt wurden als in kleineren (Verbreitung für Organisationen mit mehr als 10.000 Mitarbeitenden: 72 %; Verbreitung für Organisationen mit 100 bis 249 Mitarbeitenden: 50 %).

Diese zunehmende Verbreitung der MAB als organisationales Feedbackinstrument ist nicht verwunderlich. Insbesondere vor dem Hintergrund aktueller Entwicklungen in der Arbeitswelt kommt Feedbackinstrumenten wie der MAB eine zunehmend wichtige Bedeutung zu (Jöns & Bungard, 2018; Werther, 2015). So werden Feedbackprozesse in der Organisation als wesentliche Faktoren zur Sicherung des mittel- und langfristigen Erfolgs gesehen (Sattelberger, 2007). Die Relevanz von Feedback zeigt sich dabei nicht nur auf organisationaler Ebene, sondern wird auch in Bezug auf individuelles Lernen (Gabelica et al., 2012) und die gezielte Weiterentwicklung von Teams deutlich hervorgehoben (London & Sessa, 2006). MABs als Prozessinterventionen haben entsprechend ein großes Potenzial, das Lernen und die Leistung von Führungskräften, Teams und der Organisation insgesamt zu befördern.

Die MAB ist folglich in vielfältiger Weise mit moderner Personalarbeit verbunden. So stellen die Einbindung von Mitarbeitenden, die Förderung von Wohlbefinden,

Arbeitszufriedenheit, Commitment und Engagement sowie die Weiterentwicklung und Verbesserung der Leistungsfähigkeit wichtige Elemente der Personalpsychologie dar. Daher sind in der Praxis oft Psycholog_innen für die Konzeption und Durchführung von MABs zuständig (Derickson et al., 2019). Dabei bestehen zunehmend Forderungen nach einem evidenzbasierten Personalmanagement (Brodbeck & Woschée, 2013) und einer strategischen Unterstützung der Organisation. Der Beitrag des Personalmanagements zur organisationalen Wertschöpfung soll anhand von Kennzahlen und Analysen belegbar gemacht werden (Olbert-Bock & Lévy-Tödter, 2019). Dies spiegelt sich auch in dem Trend wider, vermehrt strategische Themen in der MAB zu berücksichtigen (Stephany et al., 2012).

Zudem steht die MAB in engem Zusammenhang mit beteiligungsorientierten Ansätzen der Organisationsdiagnose und Organisationsentwicklung (Felfe, 2019). Als typisches Survey-Feedbackinstrument dient die MAB der Erhebung von Daten in der Organisation und deren Rückspiegelung sowie der Anregung zur Selbstreflexion und der Ableitung von Maßnahmen zur Verbesserung der Situation (vgl. Nadler, 1976). Ein oft mit der MAB in Verbindung gebrachtes Ziel ist in diesem Zusammenhang die organisationskulturelle (Weiter-)Entwicklung, insbesondere der Feedback- und Lernkultur (Bungard, Niethammer et al., 2007). Durch die Rückmeldemöglichkeiten und die angestoßenen Denk- und Diskussionsprozesse im Rahmen der MABs wird sich ein Übertrag im Sinne von mehr Feedback, Abstimmung und Agilität auf den organisationalen Alltag erhofft.

Durch die technologischen Entwicklungen und die Digitalisierung der Arbeitswelt ergeben sich neue Optionen für die Ausgestaltung und Durchführung der MAB. Zugleich werden auch neue Ansprüche an die MAB deutlich, beispielsweise in Bezug auf die Aktualität und Frequenz der Daten für die strategische Steuerung oder aber in Bezug auf Survey User Experience (Nutzungserlebnis der Befragungsteilnehmenden). Zudem findet sich eine zunehmende Nutzung und ein größeres Angebot von Feedbackinstrumenten in Organisationen, in deren Kontext sich die MAB positionieren muss. In der Zukunft wird sich zeigen, ob sich die MAB entsprechend weiterentwickelt und sich auch in Zeiten von Feedback- und Befragungslandschaften (feedback and survey landscapes) und komplexen Analysestrategien (HR Analytics) ihren etablierten Platz im Personalmanagement sichern kann.

1.2 Definition

Die MAB im klassischen Sinne ist eine systematische, anlassunabhängige Befragung aller Mitarbeitenden einer Organisation mit einem standardisierten Erhebungsinstrument, welches ein breit gefächertes Themenspektrum abdeckt (vgl. Borg, 2017; Müller, Bungard et al., 2007). Als organisationalem Feedbackinstrument (Jöns & Bungard, 2018) kommt der eigentlichen Befragung und der anschließenden Folgephase eine mindestens gleichwertige Relevanz im Rahmen der klassischen MAB zu (vgl. Thompson & Surface, 2009). Zentrale Aspekte der Folgephase sind dabei die Rückspiegelung der Ergebnisse an die Teilnehmenden, die Diskussion der Ergebnisse und die Ableitung von Maßnahmen sowie deren Evaluation (Borg, 2003; Bungard, Müller et al., 2007; Felfe, 2019). Somit ist eine MAB mehr als nur die Befragung der Mitarbeitenden. Dabei wird die MAB in der Regel in einem festen Turnus (aktuell meist mit 1 bis 3 Jahren Abstand) durchgeführt (vgl. Frieg & Hossiep, 2018).

Mit Blick auf die Anwendung in der Praxis lassen sich unterschiedliche Haupttypen von MABs differenzieren (vgl. Borg, 2003, 2015; Macey & Schneider, 2006). Diese Haupttypen (von Umfragen bis systemischen MABs) unterscheiden sich dabei jeweils in der Zielstellung sowie in der organisationalen Einbettung der MABs, wobei sie häufig in der Anwendung gemischt werden.

Hinsichtlich der *Zielstellung* bei MABs kann grundlegend unterschieden werden, ob der Fokus auf den Daten oder auf dem Dialog (Kraut, 2006b) liegt. Die MAB stellt ein wirkungsvolles Instrument dar, um beide Zielstellungen (Daten und Dialog) zu bedienen (Schiemann & Morgan, 2006), jedoch muss die MAB dafür ihrer Funktion entsprechend verstanden und bewusst eingesetzt werden.

Zusätzlich können MABs unterschiedlich stark in die Organisation eingebettet sein. In Anlehnung an Wiley (2010) sowie Kulesa und Bishop (2006) lässt sich die Stärke der *organisationalen Einbettung* entlang einer Dimension von einer eher schwachen Einbettung (defensiv/passiv/explorativ) bis zur starken Einbettung (offensiv/aktiv/strategisch) darstellen, wobei eine stärkere Einbettung bedeutet, dass die MAB systematischer für die Steuerung der organisationalen Leistung genutzt wird und stärker mit bestehenden Systemen und Prozessen der Organisation verknüpft ist.

1.3 Abgrenzung zu ähnlichen Begriffen

Nach Pitkänen und Lukka (2011) kann Feedback in Organisationen in informelles Feedback und formelles Feedback unterteilt werden. *Informelles Feedback* wird durch Personen eher unregelmäßig und anlassbezogen auf vorrangig unsystematischer Basis gegeben. Die klassische MAB ist entsprechend von informellem Feedback abzugrenzen und den formellen Feedbackinstrumenten zuzuordnen.

Weitere Abgrenzungen der klassischen MAB zu anderen *Befragungsformaten* in Organisationen lassen sich anhand verschiedener Merkmale vornehmen. Diese Merkmale beziehen sich z.B. auf die Bezugsebene der Befragung (Organisation, Team, Individuum), die Ausrichtung bzw. Zielsetzung, die entsprechenden Inhalte oder die konkrete Ausgestaltung der Durchführung. Die wichtigsten Feedbackinstrumente, die neben der MAB in Organisationen eingesetzt werden, sind z.B. das Führungskräftefeedback, Team-Befragungen, Pulsbefragungen, Change-Befragungen oder themenzentrierte Befragungen (vgl. Müller et al., 2010). Tabelle 1 gibt einen Überblick über die Abgrenzung der MAB zu wichtigen anderen organisationalen Feedbackinstrumenten.

Tabelle 1: Verschiedene Feedbackinstrumente und deren Eigenschaften

	Poll	Change-Befragung	Themenzentrierte Befragung	Puls-befragung	Klassische MAB	Team-Befragung	Führungs-feedback
Ausrichtung	Erhebung relevanter Informationen ◄					► Einbindung der Mitarbeitenden	
Bezugs-ebene	Organisationsebene				Organisations-/Teamebene	Teamebene	Individual-/Teamebene
Frequenz	eventbasiert – einmalig/kontinuierlich	einmalig/wiederholt		wiederholt			
		an Veränderungsprozess angepasst	eher kurzzyklisch – quartalsweise, jährlich	kurzzyklisch – monatlich/quartalsweise	1-bis 3-jähriger Turnus	1- bis 2-jähriger Turnus	
Inhalt	Fokus auf *Einzelthema*	Fokus auf *Veränderungsprozess*	Fokus auf *spezifisches Thema/Zielgruppe*	*aggregierter Überblick/* Einzelthema	*breites Themenspektrum* organisationaler und arbeitsbezogener Faktoren	Fokus auf *Teamprozesse, Teamverhalten*	Fokus auf *Führungsverhalten*
Adressat_innen	Stichprobe/offenes Konzept	Betroffene des Veränderungsprozesses; Stichprobe/Vollerhebung	thematische Zielgruppe; Stichprobe/Vollerhebung	Stichprobe/Vollerhebung	Vollerhebung	gruppenspezifisch/Vollerhebung	gruppenspezifisch – mehrere Perspektiven/Vollerhebung
Folgeprozess	zentral				zentral/dezentral	dezentral	
	Kennzahlenmonitoring	Change Management	Kennzahlenmonitoring		Organisationsentwicklung	Teamentwicklung	Führungsentwicklung

1.4 Bedeutung für das Personalmanagement

Die Durchführung einer MAB hat zahlreiche Funktionen innerhalb des Personalmanagements. Zum einen liefert sie diagnostische Informationen für unterschiedliche Themen mit Relevanz für das Personalmanagement, zum anderen dient die Befragung auch direkt als Ansatzpunkt für die Ableitung von Verbesserungen und Interventionen in Bezug auf diese Themen. Ferner können die Ergebnisse der MAB auch zur systemischen Steuerung von personalrelevanten, aber auch gesamtorganisationalen und strategischen Themen genutzt werden.

Entsprechend der bestehenden Literatur (Borg, 2015; Müller, Bungard et al., 2007) und der aktuellen Praxis in heutigen Organisationen lassen sich drei Hauptfunktionen der MAB unterscheiden (siehe Abbildung 1).

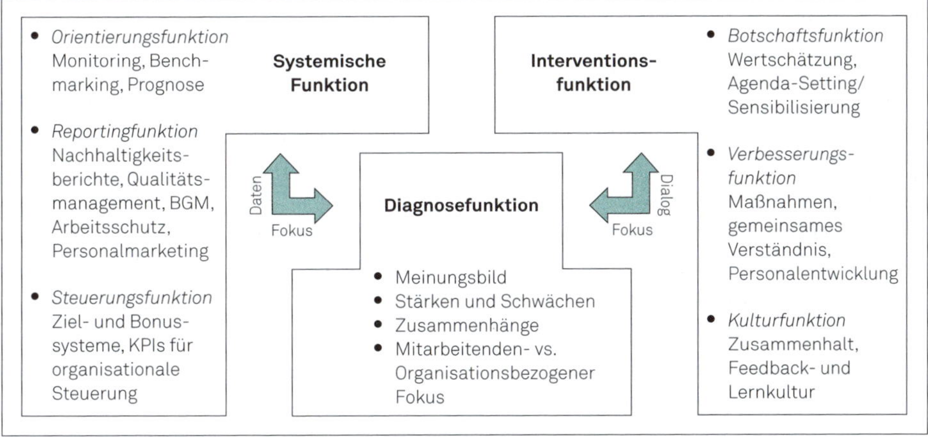

Abbildung 1: Funktionen der MAB

Die *Diagnosefunktion* stellt eine der grundlegendsten Funktionen der MAB dar. Schließlich werden MABs eingesetzt, um ein umfassendes Meinungsbild über unterschiedliche Themen in der Organisation zu erheben. Klassischerweise ist die MAB zusätzlich immer auch mit einer *Interventionsfunktion* verbunden (Müller, Bungard et al., 2007). Um den Möglichkeiten und dem aktuellen Einsatz der MAB gerecht zu werden, ist zu diesen klassischen Funktionen als dritte Funktion der MAB eine *systemische Funktion* zu ergänzen.

Die drei Funktionen stehen in einer engen Beziehung zueinander, wobei die Diagnosefunktion die Grundlage für die Interventionsfunktion und die systemische Funktion bildet. Dabei legen die systemische Funktion und die Interventionsfunktion unterschiedliche Schwerpunkte bezüglich der Zielsetzung (Daten und Dialog) und stellen verschiedene Anforderungen an die Ausgestaltung der MAB.

1.4.1 Diagnosefunktion der MAB

Die *Diagnosefunktion* beinhaltet im Kern die Erfassung bestimmter Inhalte aus Sicht der Mitarbeitenden. Eine MAB, die sich rein auf die Diagnosefunktion beschränkt und mit der Präsentation der Ergebnisse endet, stellt den einfachsten Fall einer MAB dar, sollte jedoch eher als Meinungsumfrage bezeichnet werden (Borg, 2015). Im Sinne der Diagnosefunktion können aus den Ergebnisdaten Stärken und Handlungsfelder ebenso wie Zusammenhänge zwischen den abgefragten Aspekten im Sinne der Organisationsdiagnose identifiziert und dokumentiert werden, z.B. in Form von Ergebnisberichten. Die MAB ist besonders für diese Diagnose geeignet, da man sich durch den anonymen Kanal der Befragung authentische Angaben verspricht (Saari & Scherbaum, 2011). Zudem werden im Rahmen der MAB konkrete Zahlen zu weichen Faktoren (z.B. Engagement, Vertrauen, Organisationskultur) generiert und damit eine objektivierte Perspektive auf diese Themen geboten.

Entsprechend der strategischen Positionierung der Befragung kann der Schwerpunkt der Diagnose und der darin adressierten inhaltlichen Themen unterschiedlich gelagert sein. So können die Inhalte der Befragung eine stärkere *mitarbeitendenbezogene Orientierung* (z.B. Engagement, Commitment, Wohlbefinden, Arbeitsbedingungen) haben oder stärker auf die Erfassung von *organisationsbezogenen Themen* (z.B. der Verbesserung der Funktionsfähigkeit von Geschäftsprozessen oder der Adressierung strategisch relevanter Themen der Organisation; siehe auch Müller, Bungard et al., 2007) abzielen.

1.4.2 Interventionsfunktion der MAB

Die *Interventionsfunktion* legt den Fokus auf den mit der MAB verbundenen Dialog und beschreibt, dass die MAB sowohl unmittelbar als auch mittelbar Veränderungen in der Organisation bewirken kann. Nach Borg (2015, S. 13) besteht ein Grundproblem der MAB darin, dass die MAB meist mit der „Hoffnung auf gute Ergebnisse" durchgeführt wird. Dies lässt außer Acht, dass die MAB insbesondere dazu geeignet ist, auch kritische Aspekte und Verbesserungspotenziale ans Licht zu bringen, um damit weiterzuarbeiten und die Organisation voranzubringen. Dabei lassen sich drei Teilfunktionen (*Botschaftsfunktion*, *Verbesserungsfunktion*, *Kulturfunktion*) der Interventionsfunktion unterscheiden, die in Abschnitt 3.1 näher erläutert werden.

Für die Interventionsfunktion der MAB ist insbesondere der Folgeprozess der MAB von hoher Relevanz, aber gerade dieser stellt nach einer Studie von Willis Towers Watson (2017) die größte Herausforderung im Kontext der MAB dar und bildet die „Achillesferse" des Instruments.

1.4.3 Systemische Funktion der MAB

Die *systemische Funktion* der MAB legt den Fokus auf die weiterführende Nutzung der aus der Befragung resultierenden Ergebnisse in anderen Steuerungsinstrumenten, Prozessen und Systemen der Organisation. Die MAB ist dabei in erster Linie ein Kennzahlenlieferant und unterstützt die Steuerung der Organisation unter Berücksichtigung weicher Faktoren. Hierbei kann die MAB *Orientierung* im Sinne von Monitoring, Benchmarking und Prognose geben oder direkt zur *Steuerung* von Prozessen genutzt werden, indem z. B. die Ergebnisse der MAB in Kennzahlensysteme (z. B. Balanced Scorecard, Incentivesysteme) eingebunden sind. Ferner werden im Sinne der systemischen Funktion die Ergebnisse auch für das externe *Reporting*, wie z. B. in Nachhaltigkeitsberichten, Qualitätswettbewerben oder für das Personalmarketing genutzt. Die Orientierungsfunktion, Steuerungsfunktion und Reportingfunktion werden in Abschnitt 4.3.1 näher erläutert.

1.5 Betrieblicher Nutzen

1.5.1 Nutzenbetrachtung auf Basis der Funktionen einer MAB

Während Feedback in Organisationen oft in erster Linie von „oben" kommt (Bungard, Müller et al., 2007), bietet die MAB die Möglichkeit, Feedback von den Mitarbeitenden aufzunehmen und bis zur Leitung der Organisation sichtbar zu machen. Auch kann in Organisationen eine gewisse Feedback-Isolation der Führungskräfte und insbesondere der oberen Leitungsebene vorkommen, da negative Nachrichten kaum ungefiltert nach oben weitergeleitet werden (Borg, 2015). Hier kann die MAB entgegenwirken und entsprechend der Diagnosefunktion bereits über die Erhebung von Daten zur Abbildung des aktuellen Stimmungsbilds und entsprechender Stärken und Schwächen einen relevanten Nutzen für die Organisation bringen. Zudem ergibt sich der Nutzen der MAB im Sinne der Interventionsfunktion durch die unmittelbaren und mittelbaren Verbesserungen, die durch die Arbeit mit den Ergebnissen der MAB in der Organisation erzielt werden können. Im Sinne der systemischen Funktion lassen sich auf Basis der MAB-Ergebnisse gezielt Kennzahlen für die Steuerung der Organisation und die systemische Einbettung in bestehende Systeme und Programme ableiten. Ferner können Warnsignale und Frühindikatoren für relevante Themen erkannt sowie wichtige Kennzahlen für das organisationale Reporting und Benchmarking gewonnen werden.

Neben diesen ergebnisbezogenen Kriterien gibt es eine Reihe eher prozessbezogener Kriterien der Bewertung der MAB. Diese umfassen z. B. Kosten und Dauer des Projektes, Anzahl von Fehlern oder Beschwerden während des Prozesses, Akzeptanz des Befragungsinstruments und des Gesamtprozesses der MAB bei den Mitarbeitenden und Führungskräften. Die Bewertungsgrößen zur Nutzenermittlung einer MAB sind somit sehr vielfältig und müssen sowohl vor dem Hintergrund der Positionierung der MAB (siehe Abschnitt 3.1) gesehen als auch in Bezug auf den konkreten Prozess organisationsspezifisch definiert werden.

In der Praxis stuften laut einer Studie von Frieg und Hossiep (2018) 70,3 % der befragten Organisationen den Nutzen einer MAB als hoch ein. Insbesondere das Erkennen von Stärken, Schwächen und Warnsignalen wurde durch die Befragten als äußert wichtig erachtet. Ein mittlerer Nutzen von MABs wurde im Rahmen von innerorganisationalen Programmen, Systemen und Initiativen sowie zur strategischen Steuerung gesehen. Gut zwei Drittel der befragten Organisationen gaben jedoch auch an, dass die Kosten für die MAB hoch seien. Wird die MAB nur als Meinungsumfrage oder als Alibi-Maßnahme zum „Dampf-Ablassen" (Bungard, Müller et al., 2007, S. 70) verstanden, werden die Ergebnisse nur als Marketing-Baustein nach außen genutzt, sind die eingesetzten Ressourcen nicht ausreichend oder besteht keine Unterstützung der Leitung und keine Bereitschaft zur Umsetzung von Veränderungen, so sind die Risiken für ein Scheitern der MAB ungleich höher (Borg, 2015; Müller, Bungard et al., 2007).

1.5.2 Nutzenbetrachtung auf Basis empirischer Befunde zur Wirksamkeit von MABs

Während sich aus den Funktionen der MAB vielfältiger Nutzen für die Organisationen ziehen lässt und Zusammenhänge zwischen weichen Faktoren und organisationalen Kennzahlen in der Literatur berichtet werden (z. B. Boudreau et al., 2019; Harter et al., 2013; Wiley, 2010), liegen nur wenige aktuelle wissenschaftliche Publikationen in Fachzeitschriften zur Wirkung und Wirksamkeit von MABs vor. Tabelle 2 gibt einen Überblick über ausgewählte Studien zur Wirksamkeit von MABs und verwandten Survey-Feedback-Instrumenten.

Zusammenfassend lässt sich festhalten, dass Verbesserungen durch MABs kein Automatismus sind, sondern insbesondere von der Gestaltung und Nachhaltigkeit des Folgeprozesses abhängig sind. Waren die Folgeprozesse nach dem Survey-Feedback-Prinzip mit entsprechenden Mitarbeitendenworkshops und Aktionsplänen gestaltet, zeigten sich in den Studien Verbesserungen – insbesondere in Bezug auf soziale Aspekte (Zusammenarbeit mit der Führungskraft und im Team, Organisationsklima), aber auch auf Zielvariablen wie Arbeitszufriedenheit oder Commitment der Mitarbeitenden.

Tabelle 2: Ausgewählte empirische Befunde zur Wirksamkeit

Autor_innen	Ergebnisse
Porras & Berg (1978)	• mittlere Wirksamkeit von Survey-Feedback – 48 % der untersuchten Studien berichteten über positive Veränderungen in Bezug auf Prozessvariablen (Verhalten und Einstellung im Team, Führungsverhalten, organisationale Prozesse und individuelle Einstellungen) – 53 % der untersuchten Studien berichteten über positive Veränderungen in Bezug auf Ergebnisvariablen (z. B. organisationale Leistung, Gruppenleistung, Führungsleistung, Absentismus und Fluktuation sowie individuelle Zufriedenheitsfacetten)
Neuman et al. (1989)	• positiver Zusammenhang zwischen dem Einsatz von Survey-Feedback und der Arbeitszufriedenheit • positiver Zusammenhang zwischen dem Einsatz von Survey-Feedback und anderen arbeitsbezogenen Einstellungen
Bowers (1973)	• signifikante Verbesserungen in den Bereichen Organisationsklima, Zusammenarbeit im Team und Zusammenarbeit mit der Führungskraft
Bowers & Hausser (1977)	• positive Effekte auf Organisationsklima, Zusammenarbeit im Team und Zusammenarbeit mit der Führungskraft sowie die Arbeitszufriedenheit
Conlon & Short (1984)	• positive Auswirkungen auf neun Arbeitsmerkmale z. B. die Führungskraft und die Aufgaben betreffend, aber auch auf Karrieremöglichkeiten und die Kommunikation von Zielen und deren Qualität • bei Ergebnisdiskussion der vorherigen MAB (6 Monate zuvor) durch die Führungskraft mit den Mitarbeitenden: Einfluss auf Einstellungen der Mitarbeitenden (vor allem lokale Themen, die im Einflussbereich der Führungskraft standen)
Liebig (2006)	• positiv bewerteter MAB-Prozess im Zeitverlauf kann zu einer Verbesserung der Arbeitszufriedenheit und einzelner Themenbereiche führen: u. a. Information und Kommunikation, Führung, Arbeitsbedingungen, Zufriedenheit mit der Organisation
Björklund et al. (2007)	• Befragung und Feedback alleine bewirken kaum Veränderungen • Befragung und Feedback in Kombination mit Aktionsplänen führen zu positiverer Einstellung gegenüber Führungsaspekten und zu höherem Commitment der Mitarbeitenden
Thompson & Surface (2009)	• Miterleben der Ergebnisrückmeldung, Problemidentifikation sowie Gestaltung von Folgeprozessen für Einschätzung der Nützlichkeit der MAB entscheidend • Folgeprozesse wichtiger als das Feedback selbst
Hodapp (2017)	• genereller Umgang mit Veränderungen hat einen positiven Einfluss auf die Arbeit mit den Ergebnissen der MAB • Selbstwirksamkeitsüberzeugung und Einstellung von Führungskräften gegenüber der MAB sind relevant für die wahrgenommene Wirksamkeit der Folgeprozesse

1.6 Übergreifende aktuelle Entwicklungen

Die MAB und deren Zukunft muss immer auch vor dem Hintergrund unterschiedlicher aktueller Entwicklungen betrachtet werden. Im Folgenden soll auf zwei wesentliche Entwicklungen eingegangen werden, die deutliche Auswirkungen auf die Konzeption, den Einsatz und die Durchführung von MABs haben können. Dazu gehört neben technologischen Entwicklungen auch ein neues Denken im Bereich der Organisationsentwicklung.

1.6.1 Technologische Entwicklungen

Fortschritte im technologischen Bereich stellen einen wichtigen Treiber übergreifender Entwicklung im Bereich von Survey-Feedback-Verfahren dar. Neue *Erhebungstechnologien* und damit verbundene neuartige *Interaktionsmöglichkeiten* (Lugtig & Toepoel, 2016) können den gesamten Prozess einer MAB beeinflussen.

Zunehmende Online-Befragungen sowie die erhöhte Nutzung *mobiler Endgeräte und Apps* stellen wichtige Einflussfaktoren auf die Entwicklungen im Bereich der MAB dar. So bewegt sich die Nutzung des Internets sowohl im Privatbereich als auch im organisationalen Umfeld weg von Computern und Laptops hin zu Tablets und Smartphones (Lambert & Miller, 2015).

Auch im Bereich der Befragung gewinnen die Gestaltung und der Einsatz von mobilen Endgeräten seit geraumer Zeit an Bedeutung (Poggio et al., 2015). So befördern beispielsweise neue Möglichkeiten in der Interaktionsgestaltung auch gänzlich neue Gestaltungsformen von Befragungen, welche ein spielerisches Design der Teilnahme betonen (*Gamification und Playful Design*, z.B. Deterding et al., 2011; Keusch & Zhang, 2017). Damit wird das Ziel verfolgt, dass nicht nur die erwarteten Verbesserungen aus der MAB, sondern bereits das Ausfüllen selbst als motivierend erlebt wird (Puleston, 2011; Turner et al., 2014).

Neben der Verbreitung mobiler Endgeräte und dem Einsatz neuer Online-Technologien schreitet auch die Nutzung komplexer und miteinander vernetzter Datenbanksysteme sowie die *digitale Prozessintegration* der MAB voran. Die digitale Entwicklung der MAB liegt dabei zum einen in einer einheitlich vernetzten digitalen Prozessgestaltung von Konzeption über Durchführung und Reporting bis hin zur Folgephase und Evaluation, aber zum anderen auch in der systemischen Integration mit anderen organisationalen Datensystemen.

Die Idee der systemischen Integration der MAB spiegelt sich deutlich in Konzepten der *HR Analytics* wider. HR Analytics als Begriff oder Konzept ist dabei nicht scharf umrissen, enthält aber im Kern die Bestrebung, wichtige HR-relevante Entscheidungen auf empirischen Daten und entsprechenden Analysen zu basieren bzw. durch diese zu unterstützen (Boudreau et al., 2019; Marler & Boudreau, 2017).

HR Analytics (siehe Abschnitt 4.2.4) ist vor allem mit der Sammlung, Integration und dem Reporting einer größeren Menge von Daten („Big Data") assoziiert. Zunehmend wird die Bedeutung von HR Analytics um die Betonung komplexer Auswertungsstrategien und konfiguraler Modellierungen mit prädiktivem oder längsschnittlichem Charakter zur zielgerichteten Auswertung einschließlich entsprechender Visualisierungen („Smart Data") angereichert.

1.6.2 New OD – Neue Ansätze der Organisationsentwicklung

Eine weitere übergreifende Entwicklung, welche die MAB auch in Zukunft beeinflussen wird, ist die Art und Weise, wie über Survey-Feedback im Speziellen und Organisationsentwicklung im Allgemeinen gedacht wird. Diese Entwicklung wird mit dem Begriff der „Neuen Organisationsentwicklung" (*New Organizational Development*; *New OD*) beschrieben (Bartunek & Woodman, 2015; Bushe & Marshak, 2009).

Im Sinne des „New OD" stehen im Kontext der MAB nicht mehr die diagnostischen Aspekte und Ableitung von Maßnahmen im Vordergrund, vielmehr wird in den durch die MAB angestoßenen Austauschprozessen und der verbundenen Schaffung geteilter mentaler Modelle in der Organisation ein großer Mehrwert gesehen. Organisationen bewegen sich zunehmend in einem Umfeld, welches immer komplexer, dynamischer, kompetitiver und unsicherer wird (Zhang et al., 2015). Die Konsequenz für Organisationen ist ein immer schneller werdender Wechsel und die Koexistenz scheinbar widersprüchlicher und paradoxer Anforderungen (z. B. Lüscher & Lewis, 2008; Smith & Lewis, 2011). In Anbetracht von Widersprüchlichkeiten und Zielkonflikten (Effizienz vs. Transformation, Standardisierung vs. Kreativität) sowie der zunehmenden Komplexität im Arbeitsleben kommen klassische Steuerungsmechanismen - wie z. B. klar definierte Verantwortlichkeiten und Rollen, hierarchische Strukturen, Planung, Umsetzung und Kontrolle - häufig an ihre Grenzen. Die Prozesse und Strukturen in Organisationen müssen demnach mehr im Sinne komplexer dynamischer Systeme verstanden werden. Hierbei sollte vor allem der Austausch zwischen den Akteur_innen innerhalb der Organisation im Fokus stehen. Feedbackinstrumente dienen in diesem Sinne weniger zur zentralen Steuerung der Organisation oder zur Umsetzung von Verbesserungsmaßnahmen, sondern sollen einen selbstorganisierten, lebhaften Austausch zwischen organisationalen Ebenen und Einheiten sowie auch über organisationale Grenzen hinweg beschleunigen (Bartunek & Woodman, 2015).

Diese Perspektive hat bedeutende Implikationen für den Umgang mit sowie für die Positionierung und die Gestaltung von Feedbackinstrumenten (siehe hierzu Kapitel 3). Befragungen und deren Ergebnisse müssen nicht mehr in erste Linie nur valide und reliabel sein, sondern einen Beitrag zur Selbstorganisation des Systems leisten, indem sie „einen Anlass schaffen für die Absicht, das gesamte System im Dialog so einzubinden, dass mentale Modelle sichtbar werden, neues Wissen,

Strukturen und Prozesse gemeinsam geschaffen werden und verschiedene Stimmen und Perspektiven gehört werden" (Bushe & Marshak, 2009, S. 361).

Die technologischen Entwicklungen und die damit verbundenen neuen Möglichkeiten der Gestaltung, Implementierung und organisationalen Einbettung von Feedback sowie der Wandel organisationaler Steuerungsmechanismen im Sinne der „New OD" und die zunehmende Komplexität organisationaler Anforderungen laufen in einer Entwicklung zusammen, die als „Meta-Trend" zu bezeichnen ist. Dieser Meta-Trend im Bereich der MAB bezieht sich auf die Entwicklung organisationaler *Feedback- und Befragungslandschaften* (feedback and survey landscapes). Im Gegensatz zu den oben beschriebenen Entwicklungen geht es hierbei weniger um eine Veränderung der Art und Weise, wie MABs und deren Prozesse gestaltet und umgesetzt werden (z.B. App-Erhebung, Playful Design), sondern um eine grundsätzliche Transformation der MAB im Kontext der systemischen Einbettung in Feedback- und Befragungslandschaften.

Die Grundidee besteht meist darin, den großen „Tanker" MAB mit der umfassenden und ganzheitlichen Perspektive in kleinere „Speedboats" zu zerlegen. So sollen gewisse Themen aus der MAB in eigene Feedbackinstrumente ausgelagert werden, die enger umrissen sind und eine klare Passung von Inhalten, Prozessen und Verantwortlichkeiten sicherstellen. So kann der gesamte Prozessaufwand niedriger und die Implementierung von Feedback flexibler und dynamischer werden. Ziel ist es, verschiedene Feedbackinstrumente in der Organisation zu implementieren und diese sinnvoll für eine erfolgreiche Entwicklung der Organisation zu verbinden. Gelungene Feedbacklandschaften orchestrieren verschiedene Feedbacktools und -instrumente auf eine Weise, die sich stark am tatsächlichen Nutzen und den Bedürfnissen innerhalb der Organisation orientiert.

Im Ausblick wird die MAB insbesondere in größeren Organisationen schlanker, flexibler und thematisch enger. Eingebettet in eine breitere Feedback- und Befragungslandschaft kann sie dann um zielgruppen-, anlass- oder themenbezogene Feedbackinstrumente ergänzt werden. Allerdings hat nicht jede Organisation das Interesse, den Bedarf oder auch die Ressourcen für die Einführung einer differenzierten Feedback- und Befragungslandschaft. Daher wird insbesondere für viele kleine und mittlere Organisationen die klassische MAB nach wie vor das Instrument der Wahl für organisationales Feedback sein.

2 Modelle

Grundlegende Modelle der MAB können sowohl zur strategischen Einbettung des Instrumentes an sich als auch zur Ableitung spezifischer Gestaltungsoptionen (z. B. im Hinblick auf die Gestaltung des Fragebogens; siehe auch Abschnitt 4.1.2) hilfreiche Anhaltspunkte geben. Durch ihre inhaltliche und theoretische Fundierung bieten diese Modelle Orientierungshilfen in Bezug auf wichtige Themen und Zielsetzungen, welche mit einer MAB adressiert werden können.

Im Folgenden sollen zunächst Modelle vorgestellt werden, welche die Funktionalität der MAB in einem breiteren Kontext betreffen. Dazu werden der Survey-Feedback-Ansatz sowie verschiedene Modelle organisationalen Lernens vorgestellt. Darüber hinaus werden in einem zweiten Schritt Modelle zu möglichen Inhalten der Befragung präsentiert. Diese lassen sich in Anlehnung an die verschiedenen Funktionen und Zielsetzungen einer MAB (siehe dazu auch Abschnitt 1.4 bzw. 3.1) in zwei unterschiedliche Gruppen von Modellen unterteilen. Zum einen sind solche Modelle zu berücksichtigen, die im Sinne eines „employees as asset"-Ansatzes einen stärkeren Fokus auf die Mitarbeitenden und ihre Belange legen und die Stärken und Entwicklungsfelder der Organisation in Bezug auf wichtige Themenfelder (z. B. Zufriedenheit, Gesundheit, Engagement der Mitarbeitenden) aus Sicht der Mitarbeitenden erfragen. Zum anderen sind solche Modelle von Bedeutung, welche bestimmte übergreifende Prozesse, Programme oder Ausrichtungen aus Sicht der Mitarbeitenden einschätzen lassen. In diesem Fall dient die Einschätzung der Mitarbeitenden einem breiteren, strategischen Kontext und die Mitarbeitenden werden als strategischer „business partner" eingebunden (Borg & Mastrangelo, 2008). Die im dritten Schritt vorgestellten Modelle beschäftigen sich mit psychologischen Aspekten des Antwortverhaltens und liefern damit wichtige Hinweise für den Umgang mit und die Gestaltung von organisationalen Befragungen.

2.1 Survey-Feedback-Ansatz

Survey-Feedback als Grundidee zur Durchführung und Gestaltung einer MAB drückt die Überzeugung aus, dass die mithilfe verschiedener Erhebungsverfahren erzielten Erkenntnisse (z. B. per Survey, also Befragung erhoben) an die Organisation und ihre Mitglieder zurückgespiegelt werden (Feedback). Dabei unterstreicht der Survey-Feedback-Ansatz die intrinsische Motivation und das Potenzial der Mitglieder einer Organisation als Expert_innen für ihre Tätigkeit und ihre Organisation. Der Survey-Feedback-Ansatz greift zentrale Grundgedanken der Theorie zu Veränderungsprozessen nach Kurt Lewin (1951) auf. Um den wichtigen Teil des Auftauens („unfreezing") für Veränderungen anzustoßen, sollte dem Survey-Feedback-Ansatz zufolge eine Ist-Analyse zum aktuellen Status quo von Elementen, Strukturen und Abläufen einer Organisation durchgeführt werden (Survey). In einem zweiten Schritt werden die Ergebnisse dieser Analyse an die Organisation und ihre Mitglieder zurückgespiegelt (Feedback) und mit den Mitgliedern der Organisation diskutiert und bearbeitet. Durch die dabei auftretenden (affektiven) Reaktionen und die Auseinandersetzung mit den Ergebnissen wird ein Veränderungsprozess initiiert („change"), der im weiteren Verlauf durch Workshops zur Maßnahmenableitung und konkrete Aktionspläne weiter vorangetrieben wird (Jöns & Bungard, 2018).

2.2 Modelle organisationalen Lernens

Ein weiteres zentrales Element der MAB liegt in der Stärkung organisationaler Lernprozesse (Domsch & Ladwig, 2013), wobei organisationales Lernen eng mit dem Verständnis von Organisationsentwicklung verzahnt ist (Comelli, 1997). Organisationales Lernen wird unterschiedlich konzeptualisiert; zugrundeliegende Ansätze können nach Liebsch (2011) in anpassungsorientierte, kulturelle, wissensorientierte sowie informations- und wahrnehmungsorientierte Perspektiven eingeteilt werden. Tabelle 3 gibt einen Überblick über die Inhalte der verschiedenen Ansätze und deren Einsatzmöglichkeiten im Rahmen einer MAB.

Tabelle 3: Inhalte verschiedener Ansätze in der MAB

Ansätze	Konzeptualisierung organisationalen Lernens	Einsatz in MABs	Literatur
Anpassungsorientierte Ansätze	Organisationen lernen im Rahmen einer Stimulus-Response-Reaktion durch Erfahrungen und Rückmeldungen	Ergebnisse einer MAB können eine Rückmeldung aus der Umwelt darstellen, die organisationales Lernen ermöglicht	z. B. March & Olsen (1975)
Kulturelle/interpretationsorientierte Ansätze	Organisationale Handlungstheorien und verschiedene Typen organisationalen Lernens	Kommunikationsprozesse können durch eine MAB angestoßen werden und somit die Lernfähigkeit einer Organisation stärken	z. B. Argyris & Schön (1997); Senge (2006)
Wissensorientierte Ansätze	Organisationen verfügen über eigene Wissensbestände zur Effektivität organisationaler Handlungen	Partizipative Diskussion der Ergebnisse einer MAB stärkt organisationales Lernen durch Kommunikation über mentale Modelle	z. B. Zinth (2008)
Informations- oder wahrnehmungsorientierte Perspektive	Organisationen als Informationsverarbeitungssysteme: veränderte Umweltbedingungen und eine Informationsflut lösen organisationale Lernprozesse aus	Mit den Ergebnissen einer MAB werden Informationen aufgenommen, verteilt und interpretiert sowie neue Erkenntnisse gespeichert und somit organisationale Lernprozesse befördert	z. B. Liebsch (2011)

2.3 Ausgewählte Modelle mit Fokus auf Mitarbeitende

Sowohl die strategische Positionierung und Zielausrichtung einer MAB (siehe auch Abschnitt 3.1) als auch die Entscheidung für wichtige Gestaltungsmerkmale entlang des MAB-Prozesses (z. B. Zusammenstellung des Fragebogens; siehe Abschnitt 4.1.2) können auf unterschiedlichen organisationalen Modellen basieren. Die Entwicklung eines Fragebogens speist sich zwar häufig aus diesen Inhaltsmodellen, in weitaus häufigerer Zahl handelt es sich bei MABs aber um maßgeschneiderte und an den Bedarfen der jeweiligen Organisation ausgerichtete Fragebogeninstrumente. Daher liegen diese akademischen Modelle selten in Reinform zugrunde.

Traditionell ist die Erfassung der *Arbeitszufriedenheit* ein prominentes Thema im Rahmen von MABs (Borg, 2015). Dabei lassen sich historisch verschiedene Ansätze zur Konzeptualisierung des Konstruktes unterscheiden. Hierzu zählt die Zwei-Faktoren-Theorie (Herzberg et al., 1959), nach der Arbeitszufriedenheit in Kontentfaktoren, die direkt mit der Arbeitstätigkeit zusammenhängen (z. B. Anerkennung, Arbeitsinhalte, Aufstiegsmöglichkeiten), und Kontextfaktoren, die primär mit dem Arbeitsumfeld assoziiert sind (z. B. Gehalt, Organisationspolitik, Sicherheit des Arbeitsplatzes), unterteilt werden kann. Kontextfaktoren *(Hygienefaktoren)* können dabei vor allem Unzufriedenheit bei der Arbeit verhindern, während Kontentfaktoren *(Motivatoren)* zur Zufriedenheit der Mitarbeitenden und ihre Nicht-Erfüllung zu einem neutralen Erlebniszustand führen. Bei der Auswahl geeigneter Themenfelder im Rahmen der MAB sollte daher im Sinne der Zwei-Faktoren-Theorie ein balanciertes Verhältnis von Hygienefaktoren und Motivatoren angestrebt werden.

Ein weiteres prominentes Thema, welches häufig im Rahmen einer MAB (mit) adressiert wird, ist die Bindung der Mitarbeitenden an die Organisation, also ihr *Commitment* (Borg, 2015). Mowday und Kolleg_innen (2013) definieren Commitment als die Stärke der Identifikation eines Individuums mit einer bestimmten Organisation sowie seiner Einbindung in die Organisation. Dabei sind in dieser Konzeption drei Faktoren ausschlaggebend: (1) Der Glaube an und das Akzeptieren der Ziele und Werte einer Organisation, (2) die Bereitschaft, sich für die Organisation anzustrengen, (3) der starke Wille, Mitglied der Organisation zu bleiben. Commitment ist mit zahlreichen positiven Outcomes und Verhaltensweisen der Mitarbeitenden assoziiert (Riketta, 2002; van Dick, 2017), so zum Beispiel mit Bleibeabsichten, Anwesenheit der Mitarbeitenden, der Leistung, der Qualität und dem Umfang der Arbeit (Steers, 1977). Commitment ist daher im Rahmen der MAB eine der zentralen Zielgrößen, deren Vorhersage durch Merkmale der Arbeitsgestaltung und der Zufriedenheit der Mitarbeitenden angestrebt wird.

Im Sinne der positiven organisationalen Psychologie rückt das *Engagement* der Mitarbeitenden vermehrt in den Fokus von Themen im Rahmen der MAB (Borg, 2015), da es – ähnlich dem Commitment – eine zentrale Zielgröße darstellt, die durch Charakteristika der Arbeitssituation vorhergesagt werden kann und die stark mit arbeitsbezogenen Leistungen in Beziehung steht (Harrison et al., 2006). Laut Bakker und Demerouti (2008) kann Engagement als ein erfüllender, positiver mentaler Zustand definiert werden, der durch die drei Kernmerkmale Vitalität, Hingabe und Vertieft-Sein in die Arbeit charakterisiert ist. Im Rahmen der MAB spielt die Erfassung des Engagements der Mitarbeitenden eine zentrale Rolle, da es eine strategische Zielgröße darstellt und somit von Interesse ist, wie sich andere Konstrukte auf die Ausprägung des Engagements auswirken.

Einen Ansatz zur Identifikation relevanter Ursache- und Wirkungsfaktoren und deren Zusammenhängen im Rahmen einer MAB bietet auch das *integrierte Modell des Erlebens bei der Arbeit*. Dieses Modell orientiert sich an den ursprünglichen Komponenten des RACER-Ansatzes (Results, Alignment, Capabilities, Engagement und Rewards). Auf Basis verschiedener wissenschaftlicher Modelle, welche jeweils unterschiedliche Komponenten des Arbeitserlebens differenzieren, sowie empirischer Untersuchungen wurde das Modell zum Einsatz in der MAB-Praxis weiter spezifiziert und angepasst (Straatmann et al., 2018). Im integrierten Modell des Erlebens bei der Arbeit werden vier Kerndimensionen angenommen, welche jeweils mit verschiedenen Indizes abgebildet werden können (vgl. auch Tabelle 9 auf Seite 42f.). Diese können mit „Functional“ (Rahmenbedingungen des Arbeitserlebens), „Professional“ (Kernmerkmale der Arbeitstätigkeit), „Relational“ (Themen der Zusammenarbeit) und „Transformational“ (Themen der Strategie und Ausrichtung) beschrieben werden. Im Sinne eines Ursache-Wirkungs-Zusammenhangs wird darüber hinaus angenommen, dass die genannten Kerndimensionen sich auf das nachhaltige Engagement der Mitarbeitenden auswirken. Dazu zählen neben dem Engagement als Einsatzbereitschaft das physische und psychische Wohlbefinden, sowie die Attraktivität der Organisation und die Verbundenheit mit der Organisation (vgl. MacLeod & Clarke, 2009).

2.4 Ausgewählte Modelle mit strategischem Fokus

Neben den bereits vorgestellten Modellen, die primär die Belange der Mitarbeitenden in den Blick nehmen, liegen auch Modelle vor, die dazu dienen können, die Ergebnisse einer MAB für weitere organisationale Fragestellungen zu nutzen und damit die Mitarbeitenden durch die Ergebnisse der MAB zu „business partners“ zu machen. Beispielhaft für diese Gruppe von Modellen der MAB sollen hier das Modell der High Performance Organization sowie die Service Profit Chain vorgestellt werden. Weitere Modelle, die dieser Gruppe zugeordnet werden können, sind beispielsweise der Leistungszufriedenheitsmotor (Borg, 1997, 2003, 2015) sowie das LAMP-Modell (Boudreau & Ramstad, 2007).

Dem *Modell der High Performance Organization* (HPO, oder auch Hochleistungsorganisation) liegt die Erkenntnis zugrunde, dass sich Organisationen in einem hochdynamischen Umfeld befinden, welches ständige Veränderungen, Anpassungen und Flexibilität nötig macht. Eine High Performance Organization kann definiert werden als Organisation, die durch schnelle Anpassungen an Veränderungen über eine längere Zeit bessere Ergebnisse erzielt als ihre Konkurrenz. Außerdem zeichnet sie sich durch ein langfristiges Management, integrierte und abgestimmte interne Strukturen, kontinuierliche Verbesserungen und ein Verständnis der für sie tätigen Mitarbeitenden als Wettbewerbsvorteil aus (de Waal, 2007, S. 4). In einer Meta-Analyse zu Erfolgsfaktoren einer HPO identifizierte de Waal (2007) acht zentrale Merkmale, welche in Tabelle 4 exemplarisch vorgestellt werden sollen.

Tabelle 4: Merkmale einer High Performance Organization nach de Waal (2007)

Merkmale	Kennzeichen
Aufbau- und Prozess-organisation	• Ermöglichung abteilungs- und funktionsübergreifender Zusammenarbeit • Vereinfachung und Verflachung von Hierarchien • Förderung des Wissensaustausches innerhalb der Organisation
Strategie	• Definition einer klaren Vision (welche sowohl kurz- als auch langfristige Aspekte berücksichtigt) • Setzen klarer, messbarer und erreichbarer Ziele • Transparenz über die strategische Ausrichtung • Anpassung der Vision und der Ziele an externe Bedingungen
Prozess-management	• faires und transparentes Entlohnungssystem • kontinuierliche Vereinfachung organisationaler Prozesse • Offenlegung von Kennzahlen • kontinuierlicher Innovations- und Verbesserungsprozess • Ermöglichung interaktiver interner Kommunikation
Technologie	• Einführung flexibler Informations- und Kommunikationssysteme • Verwendung benutzerfreundlicher IT-Systeme
Führung	• vertrauensvolle Beziehung über verschiedene Ebenen hinweg • Integrität und Vorbildfunktion der Führungskräfte • Coaching und Unterstützung der Mitarbeitenden durch Führungskräfte • inspirierender, wachstumsorientierter Führungsstil • Diversität der Führungskräfte • Fokussierung auf Leistung
Individuen	• Förderung einer lernenden Organisation durch Training und Weiterbildung • Herstellung von Person-Organization-Fit • psychologische Sicherheit am Arbeitsplatz • Förderung von Resilienz und Engagement
Kultur	• Etablierung klarer Werte wie Autonomie, Leistungsorientierung, Transparenz, Offenheit und Vertrauen • Schaffen einer gemeinsamen Identität und Zugehörigkeit
Externe Orientierung	• kontinuierliches Streben nach erhöhter Kund_innenzufriedenheit • Aufbau guter und langfristiger Beziehungen mit Stakeholdern • ständige Beobachtung des Marktes und aktueller Entwicklungen • Benchmarking mit der Konkurrenz im Marktsegment

Merkmale und konkrete Kennzeichen einer HPO können damit als mögliche Themenfelder einer MAB genutzt und die entsprechenden Kriterien für die Ableitung spezifischer Fragebogenitems verwendet werden.

Die zentrale Idee des *Modells der Service Profit Chain* (Heskett et al., 1994; Sasser et al., 1997) beinhaltet, dass die Zufriedenheit der Mitarbeitenden einer Organisation zu mehr Kund_innenzufriedenheit, damit zu höherer Loyalität der Kund_innen und letztlich zu mehr Profitabilität der Organisation führt. Das Modell der Service Profit Chain bringt damit Aspekte der Mitarbeitendenzufriedenheit in direkten Zusammenhang mit „harten" Kriterien und Zielgrößen der Organisation als Ganzes. Damit kann es auch die Ergebnisse einer MAB in einen größeren Kontext einordnen.

2.5 Psychologische Aspekte des Antwortverhaltens

Verschiedene psychologische Modelle des Antwortverhaltens können wichtige Hinweise zur Gestaltung von Fragebogen und Items im Rahmen einer MAB geben (siehe dazu auch Abschnitt 4.1.2). Der Fokus dieser Modelle des Antwortverhaltens liegt dabei weniger auf der Frage, ob an einer Befragung teilgenommen wird, als vielmehr darauf, wie eine Befragung bearbeitet wird.

So beschreiben kognitive Modelle des Antwortverhaltens den kognitiven Prozess des Antwortens auf geschlossene Fragen im Rahmen einer schriftlichen Befragung klassischerweise in aufeinanderfolgenden Schritten (Callegaro, 2005). Beispiele für *kognitive sequenzielle Modelle* des Antwortverhaltens sind z. B. das Vier-Prozess-Modell nach Tourangeau und Kolleg_innen (2000) oder das Frage-Antwort-Prozess-Modell nach Cannell, Miller und Oksenberg (1981).

Nach dem Modell von Tourangeau und Kolleg_innen (2000) erfolgt zur Beantwortung von Fragen zunächst der Schritt des *Verstehens*. Die befragte Person muss den Inhalt der Frage verstehen, um sie beantworten zu können. Sodann erfolgt die Phase des *Abrufs*, in welcher die befragte Person Informationen aus dem Gedächtnis abruft, um die Frage zu beantworten. Faktische Informationen (z. B. „Haben Sie an der letzten MAB teilgenommen?") werden dabei aus dem Langzeitgedächtnis abgerufen. In der Phase des *Urteilens* müssen entweder verschiedene Arten von Informationen kombiniert werden oder eine Antwort kann direkt aus dem Gedächtnis abgerufen werden (z. B. „Hat das Jahresgespräch stattgefunden?"). Im Falle von Fragen nach Einstellungen umfasst die Phase des Urteilens das Abrufen und die Abwägung eigener Werte und ihre Kombination und Gewichtung in Bezug auf die Fragestellung. Bei schwach ausgebildeten Einstellungen können aber auch oberflächliche Hinweisreize aus der Situation zur Beantwortung der Frage verwendet werden. Zuletzt muss die Person eine Antwort aus den angebotenen Antwortoptionen auswählen, d.h. ihre Einstellung muss auf die Antwortskala übertragen werden. Diese Phase der *Auswahl* kann unterschiedliche Strategien beinhalten, z. B. direkt unpassende Antworten auszuschließen oder die erste Option zu wählen, die zufriedenstellend erscheint und dann die anderen Optionen dahingehend im Vergleich zu prüfen.

Cannell und Kolleg_innen (1981) gehen von fünf Schritten der Beantwortung von Fragen aus. Auch dieses Modell umfasst das Verstehen der Frage, die kognitive Verarbeitung im Sinne des Abrufs entsprechender Informationen aus dem Gedächtnis und Generierung einer Antwort als erste Schritte des Beantwortungsprozesses. Im nächsten Schritt wird die Antwort auf ihre Richtigkeit geprüft. Insbesondere in Bezug auf die MAB ist der nächste Schritt im Modell von Cannell und Kolleg_innen (1981) besonders relevant. So betonen die Autor_innen, dass nachdem eine erste Antwort gegeben wurde, der/die Befragte die psychologische Bedeutung der Antwort mit persönlichen Zielen außerhalb der konkreten Befragung vergleicht. Entsprechend kann es hier zu einer erneuten Anpassung der Antwort kommen, bevor diese im letzten Schritt explizit kommuniziert wird.

Grundsätzlich erfordert die Beantwortung von Fragen diesen beiden Modellen zufolge einen hohen kognitiven Aufwand. Ferner gehen sie im Kern von einem einheitlichen aufeinanderfolgenden Prozess aus. Jedoch sieht beispielsweise das Vier-Prozess-Modell als Möglichkeit vor, dass einzelne Schritte potenziell ausgelassen oder nur teilweise ausgeführt werden (Callegaro, 2005).

In Zusammenhang damit sind Theorien zu sehen, welche unterschiedliche Wege der Verarbeitung in Abhängigkeit bestimmter Bedingungen, wie z. B. Motivation zur Beantwortung oder Komplexität des Beurteilungsgegenstands, beschreiben. Beispiele solcher *Zwei-Wege-Modelle* sind das Optimizing-Satisficing-Modell (Krosnick, 1991; Krosnick & Presser, 2010) oder das Modell zur Beurteilung der subjektiven Zufriedenheit von Schwarz und Strack (1991).

Krosnick und Presser (2010) gehen von zwei Prozessen der Beantwortung von Surveyfragen aus: dem Optimizing und dem Satisficing. Das *Optimizing* findet statt, wenn die Teilnehmenden intrinsisch motiviert und auch fähig sind, die Fragen möglichst gut zu beantworten. Demgegenüber steht die Strategie des *Satisficing*, bei der sich die Teilnehmenden zwar verpflichtet fühlen teilzunehmen, aber keine besondere Motivation verspüren, eine hohe Qualität der Antworten sicherzustellen bzw. dieses ihnen schwerfällt. In diesem Kontext kann die Strategie des Satisficing gewählt werden, um den kognitiven Aufwand möglichst gering zu halten. Dabei wird der Informationsverarbeitungsprozess stark verkürzt oder ausgelassen und zum Beispiel im Extremfall der Fragetext nicht mehr gelesen.

Auch das *Affect-as-Information-Modell* von Schwarz und Strack (1991) nimmt an, dass Kontexteffekte die Beantwortung von Fragen deutlich beeinflussen können. Dabei ist die Stimmung der Person ein wichtiger Kontextfaktor für die Beantwortung von Surveyfragen, da sie zum einen den Abruf von Informationen fördert, die zur aktuellen Stimmung der Person passen, und zum anderen die momentane

Stimmung als verlässlicher Hinweis für die Beantwortung von Zufriedenheitsfragen herangezogen wird. Kontexteffekte sind nach Schwarz und Strack (1991) insbesondere dann wahrscheinlicher, wenn die Beurteilung der Surveyfrage aufgrund der Abstraktheit oder Komplexität des Beurteilungsgegenstandes schwierig ist.

Eine weitere, stärker instrumentelle Perspektive auf das Antwortverhalten ist die Perspektive einer *Kosten-Nutzen-Abwägung* (Esser, 1985). Demnach wird die Befragungssituation als soziale Situation verstanden, bei der die befragte Person die Antwort wählt, von der sie meint, dass sich damit am ehesten ein bestimmtes Ziel erreichen lässt. Das Antwortverhalten wird entsprechend über soziale Anerkennung (= Nutzen) und Vermeidung von Missbilligung (= Kosten) erklärt. Für die verschiedenen Antwortmöglichkeiten einer Befragung erfolgt demnach eine Gewichtung der Erwartungen, inwiefern die jeweilige Antwortmöglichkeit zu einem wünschenswerten Ziel führt. Im Vergleich der unterschiedlichen Antwortmöglichkeiten wird dann schließlich diejenige ausgewählt, für welche die Nutzenerwartung als am größten angenommen wird.

Zusammenfassend zeigen die Antwortmodelle für den Kontext der MAB, dass die Beantwortung der Fragen ein komplexer Prozess ist. Ebenso spielen die Einfachheit der Beantwortung, die Komplexität des Beurteilungsgegenstandes sowie Kontexteffekte (Krosnick & Presser, 2010; Schwarz & Strack, 1991) eine wichtige Rolle. Ferner ist zu beachten, dass Befragte ihre Antworten möglicherweise aus taktischen Überlegungen anpassen (Cannell et al., 1981; Schwarz & Strack, 1991) und mit ihrer Antwort ggf. einen eigenen strategischen Nutzen erreichen möchten (Esser, 1986).

3 Analyse und Handlungsempfehlungen

3.1 Positionierung und strategische Einbettung

Die Diskussion der strategischen Positionierung der MAB ist stark mit den in Abschnitt 1.4 diskutierten Funktionen der MAB verbunden. Wie beschrieben, kann grundsätzlich zwischen diagnostischer Funktion, Interventionsfunktion und systemischer Funktion der MAB unterschieden werden.

Entsprechend der strategischen Positionierung der MAB können bereits im Kontext der *Diagnosefunktion* unterschiedliche inhaltliche Themen adressiert werden. Folglich ist es zu Beginn wichtig zu entscheiden, ob die Befragung eher eine organisationsbezogene, eine stärker mitarbeitendenbezogene Orientierung oder beides haben soll.

Der Fokus der Erfassung *organisationsbezogener Themen* (Mitarbeitende als „business partner“) liegt auf der Identifikation von organisationalen Stärken und Entwicklungsfeldern aus Sicht der Mitarbeitenden. Darüber hinaus können bestimmte Prozesse, Programme, Aktivitäten oder Initiativen bewertet werden. Diese diagnostische Information aus der MAB kann somit Teil eines systemischen Umsetzungs- und Wirkungscontrollings oder die Grundlage von Optimierungsinitiativen sein. Entsprechend ist es in der strategischen Positionierung der MAB wichtig, zunächst die Frage zu klären, inwieweit der Fokus der MAB auf der Optimierung von Geschäftsprozessen liegen soll und für welche spezifischen organisational relevanten Prozesse, Programme, Aktivitäten und Initiativen Meinungsdaten und neue Ideen aus Sicht der Mitarbeitenden relevant und hilfreich sein können.

Bei der zweiten Perspektive, der *mitarbeitendenbezogenen Orientierung* (Mitarbeitende als „asset“), geht es weniger um die Optimierung von Geschäftsprozessen und Verbesserung der organisationalen Leistungsfähigkeit, sondern mehr um die Verbesserung des „Arbeitserlebens“ der Mitarbeitenden, d.h. um die Einschätzungen eigener Befindlichkeiten, Einstellungen, Verhaltensbereitschaften und Gefühlszustände und deren Bedingungen. Im Fokus stehen hierbei Zielvariablen wie z.B. das eigene Engagement, Wohlbefinden oder Commitment der Mitarbeitenden.

In einer umfassenden diagnostischen Konzeption der MAB können auch beide Perspektiven gleichzeitig im Instrument adressiert werden. Dadurch ist es in der Auswertung möglich, Beziehungen zwischen den verschiedenen Aspekten zu untersuchen. Je nach strategischer Positionierung der MAB ergeben sich somit unterschiedliche Schwerpunkte für die inhaltlich diagnostische Ausgestaltung der MAB (siehe Abbildung 2).

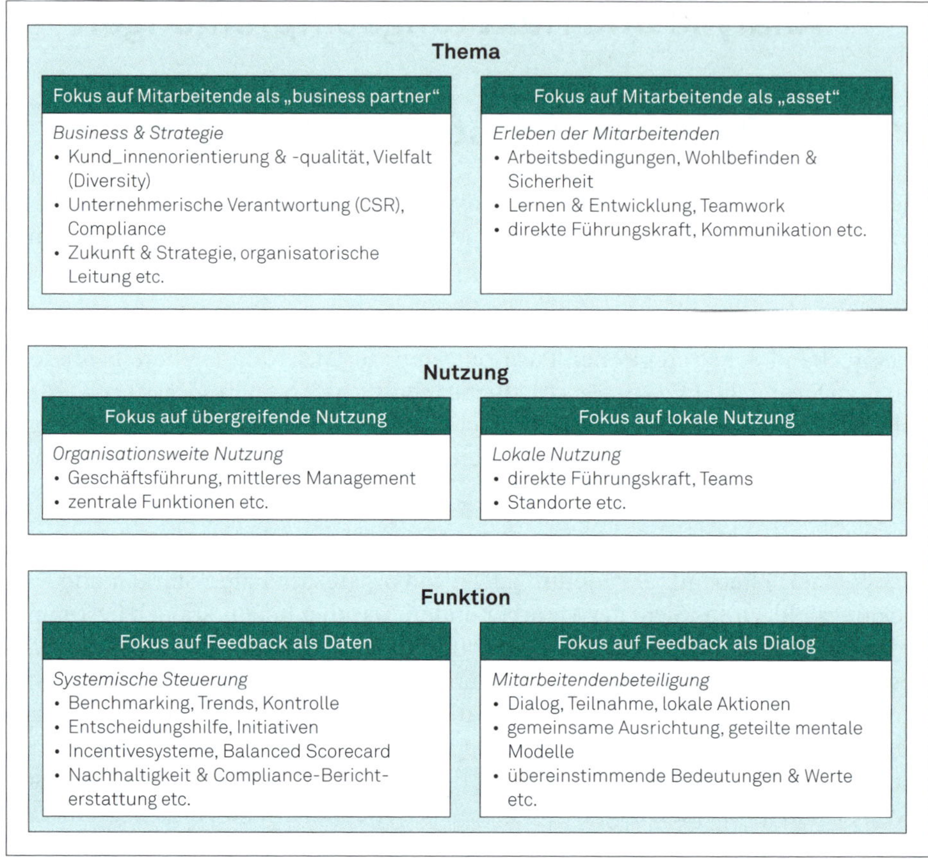

Abbildung 2: Strategische Positionierung der MAB

In Bezug auf die *Interventionsfunktion* ist eine klare strategische Positionierung der MAB ebenso wichtig. Die unterschiedlichen Funktionen – Botschaftsfunktion (Messaging), Verbesserungsfunktion (Action) und Kulturfunktion (Transformation) – setzen unterschiedliche Schwerpunkte im Kontext der MAB.

Mit Blick auf die *Botschaftsfunktion* muss definiert werden, ob spezifische Inhalte der Befragung zum Gegenstand der Diskussion in der Organisation gemacht werden sollen und diesen dadurch besondere Aufmerksamkeit entgegengebracht werden soll. Solche Agenda-Setting-Themen (Hoon & Jacobs, 2014) werden nicht nur durch die Befragung selbst, sondern auch im Rahmen der Ergebnisrückmeldungen und in den Folgeworkshops in der Organisation platziert. Borg (2015) nennt dies die Transportfunktion der MAB, da sich in der Befragung Themen für das organisationale Agenda-Setting unterbringen lassen, die zu einer thematischen Auseinandersetzung und weiteren Diskussionen genutzt werden können (McCombs & Shaw, 1993). Damit werden Themen präsent gemacht, Meinungsbildungsprozesse angeregt und die Themen als Teil der organisationalen Agenda deklariert.

Die *Verbesserungsfunktion* der MAB setzt im klassischen Sinne am Survey-Feedback-Ansatz der Organisationsentwicklung an (siehe Abschnitt 2.1) und folgt der Logik „Diagnose – Handlungsfeld – Aktion – Verbesserung". Im Kern der Verbesserungsfunktion steht dabei die aktive Auseinandersetzung mit den Ergebnissen und die Ableitung bestimmter Handlungsfelder und Aktionen. Entsprechend zieht die Verbesserungsfunktion ihre Wirkung insbesondere aus der Umsetzung von Workshops und Entscheidungen in der Folgephase der MAB. Die Handlungsfelder und entsprechenden Maßnahmen (*Actions*) können im Folgeprozess verschiedene Themenfelder betreffen und auf unterschiedlichsten Ebenen der Organisation verordnet sein.

Tiefgreifender kann die strategische Positionierung einer MAB nicht nur im Sinne der Ableitung von Maßnahmen erfolgen, sondern als Instrument der kollektiven Orientierung und Ausrichtung (Bushe & Marshak, 2009) dienen. Somit steht weniger die Intervention im Sinne einer mechanistischen Maßnahmenableitung und Verbesserung im Vordergrund, sondern grundlegende Aspekte der *Transformation der Organisation und deren Kultur*. Die Partizipation der Mitarbeitenden, die Aufforderung zur Beteiligung, die Diskussion der Ergebnisse auf breiter Basis, die Anregung zum Dialog, das Teilen von Perspektiven und die Schaffung geteilter mentaler Modelle haben das Potenzial zur Änderung der Organisationskultur im Sinne einer grundlegenden *Transformation* von Werten und Verhaltensnormen. Durch die Nutzung und Auseinandersetzung mit Feedback soll eine bestimmte Art des Miteinanders, der sozialen Steuerung, des Verhaltens und der Kommunikation gefördert werden. Typische Schlagworte in diesem Kontext sind u. a. „Neue Organisationsentwicklung" (Bushe & Marshak, 2009; siehe hierzu auch Abschnitt 1.6.2), Feedbackkultur (London & Smither, 2002), Lernkultur (Egan et al., 2004) und geteilte mentale Modelle (Mohammed et al., 2010).

Schließlich muss in der strategischen Positionierung auch die *systemische Funktion* der MAB (siehe Abschnitt 4.3.1) beachtet werden. Voraussetzung dieser ist, dass die MAB kein einmaliges Projekt ist, sondern in mehr oder minder festen zyklischen Abständen kontinuierlich durchgeführt wird. Die enthaltene diagnostische Information der MAB soll systematisch mit anderen Steuerungsinstrumenten, Prozessen und Systemen verknüpft werden (Borg, 2015). Damit wird die MAB systemisch eingebettet und ist wichtiger Kennzahlenlieferant und Steuerungsgröße im Kontext der Organisationssteuerung (z. B. für das Monitoring von Prozessen, zum Benchmarking oder zur Prognose von organisationalen Entwicklungen; siehe Abschnitt 4.2).

Bezüglich der strategischen Positionierung der MAB ergibt sich somit ein recht komplexes Bild unterschiedlicher Möglichkeiten. Häufig sind die unterschiedlichen Zielsetzungen gut miteinander vereinbar. So bestimmt zum Beispiel die diagnostische Schwerpunktsetzung auch den entsprechenden thematischen Fokus späterer Ableitungen von Maßnahmen und konkreten Verbesserungen. Häufig kristallisiert sich diese Gegensätzlichkeit in grundsätzlichen Haltungen, die der konkreten Gestaltung der MAB zugrunde liegen. Eine häufig anzutreffende grundsätzliche Haltung ist, dass in der MAB gute Ergebnisse angestrebt oder gewünscht werden *(Reporting Mindset)*. Demgegenüber steht die Haltung, mit der MAB einen Prozess zu schaffen, der kritische Aspekte „zum Vorschein" bringt, divergierende Perspektiven in der Organisation verdeutlicht und damit Dialog und eine „angstfreie" organisationale Entwicklung fördert *(Learning Mindset)*. Ein externes Reporting der MAB-Ergebnisse (z. B. im Bereich Personalmarketing) und eine oberflächliche systemische Einbettung der MAB geht in der Regel eher mit einem starken Wunsch nach guten Ergebnissen, „grünen Ampeln" und mit einem entsprechenden Reporting Mindset einher. Im Sinne des Learning Mindsets werden hingegen kritische Ergebnisse wertgeschätzt, da sie Authentizität und Ehrlichkeit signalisieren, Dialog und Reflexion anregen und auch die eigentliche Quelle des Lernens darstellen.

Fazit: Innerhalb der Positionierung der MAB und konkreten Gestaltung zeigen sich somit immer wieder Spannungen zwischen der MAB als Lern- und Entwicklungsinstrument und der MAB als Steuerungs-, Kennzahlen- und Controllinginstrument. Letztlich setzt die MAB selbst und die damit verbundenen Prozessentscheidungen ein Symbol dafür, welche Art der Organisationskultur angestrebt wird (z. B. „Reporting vs. Learning"; „Kontrolle vs. Eigenverantwortung"; „Daten vs. Dialog").

3.2 Grundsätzliche Gestaltungsentscheidungen

Nachdem die Frage nach Zielsetzung und Positionierung einer MAB für den jeweiligen organisationalen Kontext geklärt wurde, stellt sich die Frage nach der Gestaltung. Die grundsätzlichen Gestaltungsentscheidungen einer MAB lassen sich vor dem Hintergrund des Befragungsprozesses gliedern. Innerhalb der verschiedenen Gestaltungsentscheidungen entlang des MAB-Prozesses gibt es wiederum verschiedene Gestaltungsoptionen, zwischen denen zu entscheiden ist. Dabei lassen sich teilweise grundsätzliche Gestaltungspräferenzen definieren, in den meisten Fällen ist die Wahl der Gestaltungsoptionen jedoch abhängig von der im Abschnitt 3.1 beschriebenen spezifischen Zielsetzung und strategischen Positionierung der MAB.

Die Beschreibung der grundsätzlichen Gestaltungsentscheidungen orientiert sich an den Phasen des MAB-Prozesses. Hier lässt sich nach Jöns und Müller (2007) grundsätzlich zwischen Planungsphase bzw. Vorbereitungsphase, Durchführungsphase und Folgephase unterscheiden. Tabelle 5 stellt die wichtigsten Gestaltungsentscheidungen entlang des MAB-Prozesses als Checkliste dar. Die verschiedenen Gestaltungsentscheidungen und -optionen werden in Kapitel 4 ausführlich diskutiert und dargelegt.

Tabelle 5: Checkliste zu wichtigen Aspekten der Planungs- bzw. Vorbereitungsphase, Durchführungsphase und Folgephase

	Gestaltungsaspekt	Gestaltungsoptionen	Check
Planungs- bzw. Vorbereitungsphase	Projektarchitektur und -konzeption	• Festlegung des Umfangs der MAB (Scopes)	☐
		• Klären von Fragen zum Datenschutz und zur Mitbestimmung	☐
		• Bestimmung der Anzahl und Auswahl der Mitglieder der Steuerungsgruppe	☐
		• Spezifikation der Rollen anderer wichtiger Bezugsgruppen	☐
		• Festlegung der MAB-Zyklen	☐
		• Bestimmung des Erhebungszeitraums und des Zeitplans (Timing)	☐
		• ggf. Einbindung externer Berater_innen und Dienstleistender	☐
	Entwicklung des Befragungsinstrumentes	• Festlegung des Prozesses der Instrumentenentwicklung	☐
		• Spezifikation der Befragungsinhalte	☐
		• Umsetzung bzw. Auswahl entsprechender Items	☐
		• Festlegung der Flexibilität innerhalb des Fragebogens (Anpassung an spezifische Bedürfnisse von Einheiten oder Zielgruppen)	☐
		• Festlegung der Gestaltung des Fragebogens (Itemformulierung, Itemformat, Nutzung offener Kommentare, Gestaltung der Antwortoptionen)	☐
		• Bestimmung der Länge des Befragungsinstruments	☐
	Entwicklung des Informations- und Befähigungskonzeptes	• Festlegung von Grundsätzen der Information und Kommunikation	☐
		• Bestimmung von spezifischen Inhalten für verschiedene Rollen (Beteiligte und Zielgruppen)	☐
		• Festlegung konkreter Kommunikationsformate und -medien über die verschiedenen Prozessphasen und Zeitphasen (vor, während und nach der Befragung)	☐

Tabelle 5: Fortsetzung

	Gestaltungs-aspekt	Gestaltungsoptionen	Check
Durchführungsphase	Erhebung	• Wahl des Erhebungsformates (papierbasierte Befragung, Online-Befragung oder Mischform bzw. Kombination (Mixed Mode)	☐
		• Festlegung der Verteilung und des Zurückschickens bzw. Sammelns der Fragebögen	☐
		• Bestimmung der Organisation sowie der Form des Ausfüllens der Befragung	☐
		• Durchführung eines technischen Pretests	☐
		• Festlegung der Zuordnung zu Strukturvariablen (z. B. Organisationseinheit)	☐
		• Überlegungen zur Vergleichbarkeit von Ergebnissen unterschiedlicher Erhebungsformate	☐
		• Bestimmung der Durchführung von Nachfassaktionen	☐
		• Entscheidungen über Vorbelegungen	☐
		• Festlegung der Differenziertheit bzw. Strukturtiefe der Auswertung und Berichtslegung (in Bezug auf die Organisationsstruktur oder andere strukturgebende Variablen)	☐
		• Bestimmung der minimalen Einheitsgröße einer Auswertung (Anonymitätsgrenze)	☐
	Rückspiegelung der Ergebnisse bzw. „Reporting“	• Bestimmung, wer Einblick in welche Berichte erhält und welche Informationen in den Berichten enthalten sind	☐
		• Spezifikation des Berichtsformats (PDF, PPT, Dashboards etc.) für die Aufbereitung der Ergebnisse	☐
		• Entscheidung, ob sich das Berichtsformat in Bezug auf Berichtsempfänger_innen und Organisationsebenen unterscheidet	☐
		• Festlegung der Art der Verteilung der Berichte (postalisch, E-Mail, Downloadcenter, Dashboard)	☐
		• Bestimmung der Nutzung von Benchmarks bzw. Normvergleichswerten	☐
		• Klären von Fragen der Vernetzung von Daten aus der MAB mit anderen Kennzahlen (Linkage-Analysen, HR-Analytics-Ansätze)	☐
		• Einordnung des Rücklaufs der Befragung	☐
		• Betrachtung der Effekte möglicher niedriger Rücklaufraten und mangelnder Beteiligung (Non-Response)	☐

Tabelle 5: Fortsetzung

	Gestaltungs-aspekt	Gestaltungsoptionen	Check
Folgephase	Interventions-funktion	• Entscheidung für grundsätzliche Gestaltungsansätze der Folgephase (Bottom-up, Top-down, Mixed Models)	☐
		• Gestaltung von Folgeworkshops	☐
	Systemische Funktion	• Definition von übergreifenden Maßnahmen und Implikationen der MAB-Ergebnisse für die Organisationssteuerung in Rücksprache mit der Leitungsebene, Fachabteilungen und übergeordneten Verantwortlichen (Divisionen, Business Units, Standortleitung)	☐
		• Festlegung der Einbettung der MAB in Kennzahlensysteme (z. B. Balanced Scorecard, Incentivesysteme) und Definition entsprechender Prozesse	☐
	Controllingphase	• Bestimmung der Dokumentation und Überprüfung der Maßnahmenumsetzung und der Wirksamkeit bzw. Evaluation des MAB-Prozesses (z. B. Selbststeuerung, zentral organisierte Dokumentations- und Controllinginstrumente, Action Tracking, Best-Practice-Beispiele, Check-Befragungen, Check-Workshops, Online-Voting und Communities, Inkludierung von Evaluationsmodulen zur MAB in einer Folgebefragung, Lessons-learned-Workshops)	☐
		• Festlegung des Timings von Kontrolle der Maßnahmeumsetzung und Evaluation	☐

3.3 Allgemeine Erfolgs- und Misserfolgsfaktoren

Die Identifikation von allgemeinen Erfolgs- und Misserfolgsfaktoren einer MAB steht in engem Bezug zu dem im Abschnitt 1.5 beschriebenen Nutzen der MAB und zu Aspekten der strategischen Positionierung. Der Erfolg einer MAB muss in erster Linie an den vorab definierten *Ziel- bzw. Ergebniskriterien* gemessen werden (siehe Abschnitt 3.1).

Im Idealfall ist die MAB auf die Bedürfnisse und Gegebenheiten der jeweiligen Organisation „zugeschnitten". Entsprechend gibt es, anstelle eines einzigen wichtigen Erfolgsfaktors, eine Reihe von Aspekten, die entweder additiv oder in Kombination miteinander für den Erfolg oder Misserfolg einer MAB verantwortlich sein können. Borg und Mastrangelo (2008, S. 17) sprechen in Anlehnung an das Survey Design von Dillman (2000) von einem *maßgeschneiderten Design* („tailored design"). Diese Begrifflichkeit reflektiert die Gegebenheit, dass in Bezug auf den Erfolg einer MAB viele einzelne Gestaltungsmerkmale und deren Zusammenspiel entscheidend sind. Trotzdem gibt es innerhalb des maßgeschneiderten Designs einige Gestaltungsgrundsätze, die unabhängig von Faktoren des Organisationsumfelds, der Variabilität der Zielsetzung oder impliziten verborgenen Zielsetzungen („hidden agendas“; Borg & Mastrangelo, 2008, S. 30) förderlich für das Gelingen einer MAB sind.

Aus psychologischer Perspektive gleicht eine MAB einem angestrebten *Veränderungsprozess* der Organisation (vgl. auch Stegmaier, 2016). Dieser ist dann mit höherer Wahrscheinlichkeit erfolgreich, wenn alle Beteiligten und Bezugsgruppen, d. h. Mitarbeitende, Führungskräfte, Funktionsabteilungen, Mitarbeitendenvertretung und Leitungsebene, eine positive Intention bzgl. der Unterstützung der Befragung verfolgen und diese in entsprechendes Verhalten umsetzen (Straatmann et al., 2016). In Bezug auf konkrete Gestaltungsmaßnahmen sind entsprechend Aspekte besonders wichtig, die eine positive Einstellung gegenüber der Befragung in verschiedenen Bezugsgruppen fördern, eine positive soziale Norm gegenüber der Befragung unterstützen und die Leichtigkeit und Einfachheit der Teilnahme begünstigen.

In Bezug auf die Erfolgsfaktoren von organisationalen Veränderungsprozessen machen Armenakis und Bedeian (1999) die klassische Unterscheidung in Inhalts-, Prozess- und Kontextfaktoren. Diese Kategorisierung lässt sich auch auf den Erfolg der MAB anwenden. Abbildung 3 gibt einen Überblick der wichtigsten Erfolgs- bzw. in der Kehrseite Misserfolgsfaktoren der MAB.

Der Erfolg der MAB hängt letztlich vom gelungenen Zusammenspiel der verschiedenen Inhalts-, Prozess- und Kontextfaktoren ab. Gerade die Ausführungen zur Relevanz der spezifischen Organisationskultur (vgl. Abschnitt 3.1) machen deutlich, dass im Zusammenhang der MAB häufig sensibel zwischen dem Spannungsfeld Kontrolle (z. B. Stärkung zentraler Kontrolle von Ergebnissen und Maßnahmen) vs. Freiheit (z. B. Stärkung lokaler Eigenverantwortung und Selbstorganisation im Umgang mit Ergebnissen und Maßnahmen) abgewogen werden muss. Auf der einen Seite soll die MAB als Projekt mit einer gewissen Nachdrücklichkeit und Ernsthaftigkeit in die Organisation gebracht werden. Dies impliziert eine gewisse Transparenz über Ergebnisse und das Nachhalten und die Kontrolle von Prozessen. Auf der anderen Seite kann eine zu starke Fokussierung auf die Ergebnisse und das konsequente Nachhalten von Prozessen als Bewertungsdruck, Kontrolle und mangelnde Zuschreibung von Eigenverantwortung erlebt werden. Die Beantwortung der Frage nach der Abwägung dieses grundsätzlichen Spannungsfeldes im Kontext der Gestaltung einer MAB muss vor dem Hintergrund der jeweiligen Positionierung der MAB und der vorherrschenden Organisationskultur geschehen. In den folgenden Kapiteln werden diese allgemeinen Fragen anhand konkreter Gestaltungentscheidungen und -optionen der zentralen Prozessschritte erläutert und verdeutlicht.

Abbildung 3: Allgemeine Erfolgs- und Misserfolgsfaktoren der MAB

4 Vorgehen

Um das Vorgehen im Rahmen einer MAB näher zu beleuchten, werden im Folgenden grundlegende Methoden und Maßnahmen aus der Vorbereitungs-, Durchführungs- und Folgephase beschrieben. Zudem werden für jede dieser Phasen relevante internationale Aspekte dargestellt und es wird ein Ausblick auf aktuelle Entwicklungen gegeben.

4.1 Vorbereitungsphase

4.1.1 Projektarchitektur und -konzeption

Die Gestaltung eines MAB-Projektes ist ein komplexes Vorhaben, bei dem verschiedene Aspekte berücksichtigt werden müssen. Im Folgenden sollen vor allem die Projektsteuerung, der Zeitplan und bestimmte Rollen innerhalb einer MAB sowie rechtliche Grundlagen in den Fokus genommen werden.

Projektsteuerung

Je nach Größe der Organisation eignen sich unterschiedliche Projektarchitekturen für die Projektsteuerung einer MAB. Grundsätzlich ist es sinnvoll, für die Durchführung einer MAB eine organisationsinterne *Steuerungsgruppe* für strategische Entscheidungen im Rahmen der MAB zu bilden. Optimalerweise bildet eine Steuerungsgruppe verschiedene Statusgruppen innerhalb der Organisation ab, z. B. sollte die Mitarbeitendenvertretung eingebunden sein sowie Führungskräfte unterschiedlicher Hierarchieebenen, Vertreter_innen der Personalabteilung und weitere Vertreter_innen einzelner Statusgruppen (z. B. Gleichstellungsbeauftragte, Schwerbehindertenvertretung; Borg, 2015). Eine besondere Rolle kommt dabei der Leitungsebene zu, die ebenfalls in der Steuerungsgruppe vertreten sein sollte, da die Bereitstellung ausreichender Mittel, gute Kommunikationswege und das persönliche Commitment zur Befragung entscheidende Erfolgsfaktoren für das Gelingen der MAB sind (Linke, 2018; siehe dazu auch Abschnitt 3.3). Die Steuerungsgruppe ist vor allem an den grundlegenden Entscheidungen im Rahmen der MAB beteiligt und gibt Rückmeldungen zu strategischen Weichenstellungen.

Darüber hinaus ist es sinnvoll, eine kleinere *Projektgruppe* zu etablieren, die stärker das Projektmanagement verantwortet, operative Aufgaben übernimmt und bei Bedarf Rückmeldungen und Feedback von der Steuerungsgruppe einholt. Der Projektgruppe kommt dabei die Aufgabe zu, die verschiedenen grundlegenden

Entscheidungen im Rahmen des MAB-Prozesses vorzubereiten und anschließend umzusetzen. Dazu gehören u. a. die Festlegung des Zeitplans sowie Entscheidungen über die Inhalte des Fragebogens, den Umfang des Folgeprozesses und die konkreten Maßnahmen im Rahmen des Informations- und Kommunikationskonzepts und der Befähigung.

Zusätzlich kann es sinnvoll sein, MAB-Bereichskoordinator_innen in den einzelnen Bereichen der Organisation zu nutzen, welche jeweils in ihrem Bereich über das Projekt MAB informieren, relevante Themen einbringen, die Durchführung von Workshops unterstützen und den Folgeprozess in ihrem Bereich vorantreiben und unterstützen. Abbildung 4 zeigt eine beispielhafte Projektorganisation.

Je nach Erfahrungsstand in Bezug auf die MAB und die Komplexität der Organisation ist für die Steuerungsgruppe und die Projektgruppe eine unterschiedliche Anzahl an Arbeits- und Abstimmungstreffen anzusetzen. In der Praxis können die Treffen der Steuerungsgruppe meist auf die Abstimmung von vier *Aufgabenpaketen* begrenzt werden, die dann jeweils einen unterschiedlichen thematischen Fokus in Bezug auf die Vorbereitung aufweisen. Die beiliegende Karte „Vorbereitung einer MAB: Aufgabenpakete" gibt einen Überblick über die möglichen Inhalte dieser Aufgabenpakete und die jeweils zu erreichenden Meilensteine. Für die Aufgabenpakete bietet sich eine Aufteilung in die Kategorien „Vorfeld" (z. B. Steuerungs-

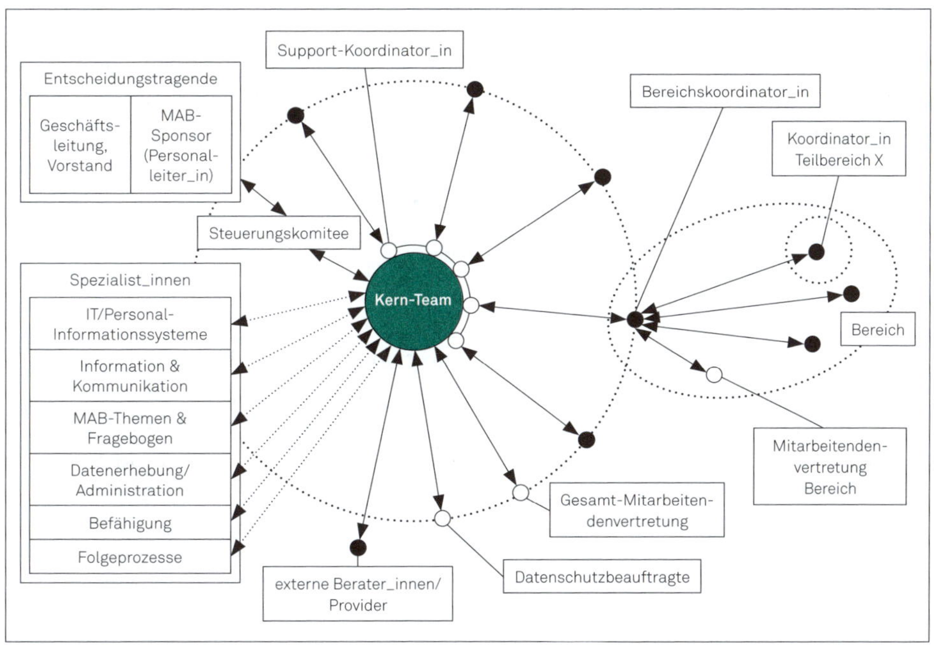

Abbildung 4: Beispielhafte Projektorganisation (nach Borg, 2015, S. 29)

gruppe, Einbindung der Mitarbeitendenvertretung und des Datenschutzes, Festlegung strategischer Ziele, Entwicklung des Projektplans), „Organisation" (z.B. Festlegung der Organisations- und Analysestruktur, Organisation der Verteilung, Planung der Folgeprozesse), „Fragebogen" (z.B. Festlegung der Befragungsinhalte, Anschreiben, Ergebnisberichte und Ergebnispräsentationen) sowie das Thema „Information und Befähigung" (z.B. Entwicklung des Informations- und Kommunikationskonzepts, Ausgestaltung des Folgeprozesses, Festlegung von Befähigungs- und Unterstützungsinstrumenten) an.

Zeitplan und Rollen

Eine klare *Zeitplanung* ist eine wichtige Voraussetzung für die erfolgreiche Durchführung einer MAB. Dabei sollten für die unterschiedlichen Phasen, wenn möglich, zentrale Meilensteine ausformuliert werden. Darüber hinaus ist es sinnvoll, bereits im Zeitplan Zuständigkeiten und Aufgaben mit entsprechenden Deadlines festzulegen.

Abbildung 5 gibt einen schematischen Überblick über die verschiedenen *Prozessschritte* im Rahmen der MAB. Aus der Abbildung wird deutlich, welche Arbeitsschritte und Aufgaben in den verschiedenen Phasen der Vorbereitung, Entwicklung der Befragung, Information und Befähigung, Durchführung, Analyse und Präsentation sowie in der Folgephase zentral sind.

Den verschiedenen Personen und Gruppen innerhalb einer Organisation kommen im Rahmen der MAB bestimmte *Rollen* zu (Borg, 2015). Wie oben beschrieben, hat dabei die Projektkoordination bzw. die Projektgruppe in Koordination mit der Personalabteilung eine besondere Rolle, da sie den Gesamtprozess der MAB steuert, Informationen für alle anderen Beteiligten bereithalten kann, weitere Stakeholder in der Erfüllung ihrer Rollen unterstützt (z.B. durch Informationen und Befähigungsangebote) und alle weiteren assoziierten Prozesse koordiniert.

Tabelle 6 zeigt beispielhaft Rollen und Verantwortlichkeiten innerhalb der Organisation in Bezug auf die Vorbereitungs- und Durchführungsphase einer MAB. Dabei ist zu beachten, dass insbesondere die Positionierung der MAB als Instrument der Organisationsentwicklung und die Ermutigung zur Teilnahme durch die Führungskräfte wesentliche Signale für die organisationale Unterstützung und die Relevanz der MAB in der Organisation sind. Der Personalabteilung kommt dabei eine koordinierende und beratende Funktion zu.

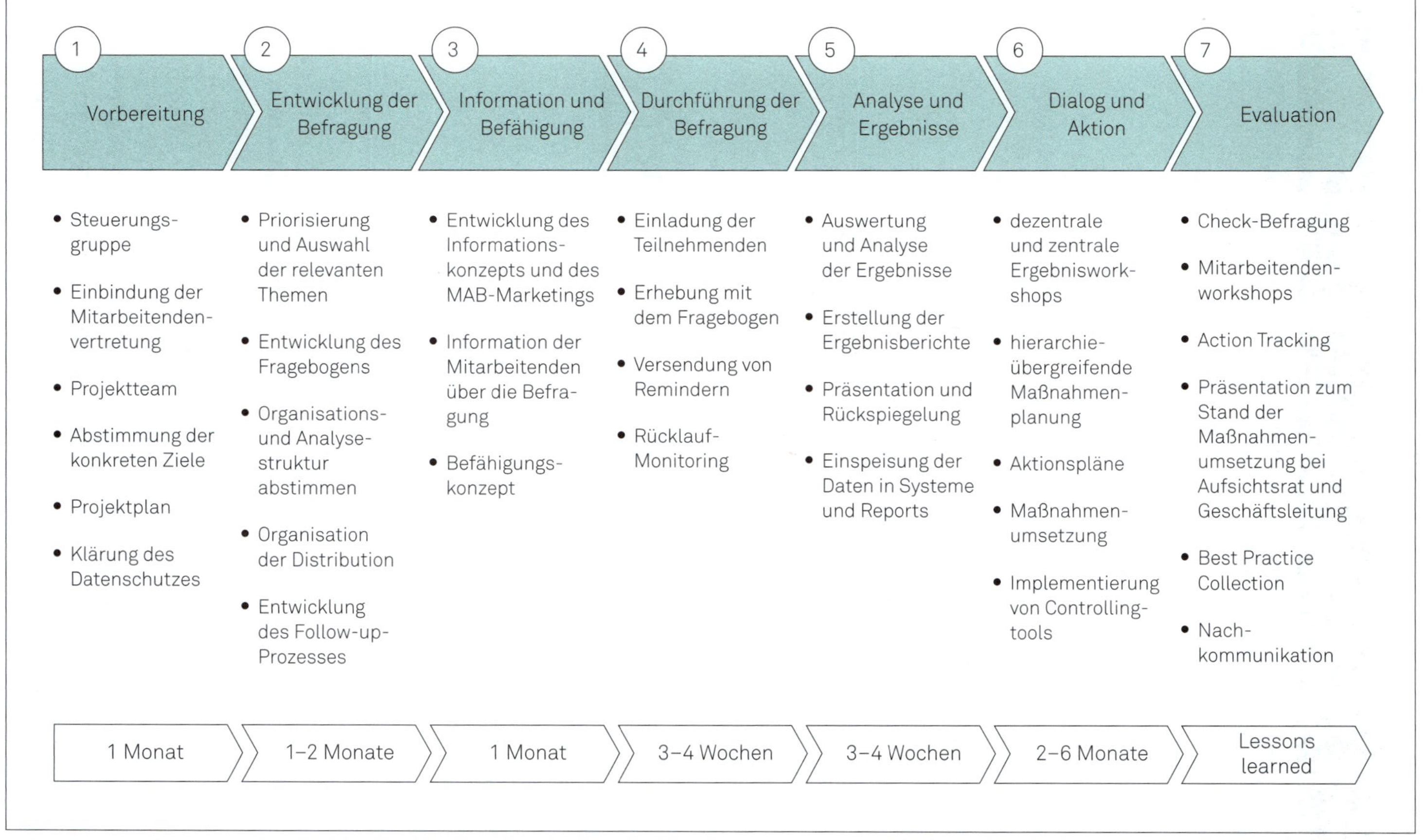

Abbildung 5: Prozessschritte in einer MAB

Tabelle 6: Rollen und Verantwortlichkeiten in der Vorbereitungs- und Durchführungsphase

Rolle	Verantwortlichkeit Vorbereitungsphase	Verantwortlichkeit Durchführungsphase
Geschäftsleitung	• die MAB als Instrument der Organisationsentwicklung positionieren	• Führungskräfte und Mitarbeitende zur Teilnahme ermutigen
leitende Führungskräfte	• die MAB als Instrument der Organisationsentwicklung positionieren	• Mitarbeitende zur Teilnahme ermutigen
(Team-)Führungskräfte	• die MAB als Instrument der Organisationsentwicklung positionieren • die Mitarbeitenden über den Befragungs- sowie Follow-up-Prozess aufklären und Informationen verteilen	• Mitarbeitende zur Teilnahme ermutigen • aktuelle Antwortraten kommunizieren
Mitarbeitende	• von den Führungskräften Informationen über den Befragungs- sowie Follow-up-Prozess einfordern	• Teilnahme an der MAB
Personalabteilung	• die MAB als Tool für Organisationsentwicklung positionieren • den Führungskräften Informationen über den Befragungs- sowie Follow-up-Prozess zur Verfügung stellen • den Führungskräften Informationen bezüglich des zeitlichen Ablaufes und Deadlines mitteilen • Ankündigungen und Werbung (Werbegeschenke verteilen, Plakate aufhängen, ...) • den Ablauf koordinieren sowie Rollen und Verantwortlichkeiten festlegen • Informationen, Tools und Training bereitstellen	• Führungskräfte ermutigen, die Teilnahme an der MAB zu bewerben • Werbung (Werbegeschenke verteilen, Plakate aufhängen, ...) • aktuelle Antwortraten kommunizieren • Leitungsebene über Rückmeldungen informieren

Neben den in dieser Darstellung angesprochenen Stakeholdern kommt der Mitarbeitendenvertretung eine besondere Rolle im Rahmen der MAB zu, da sie als wichtige Partnerin für die reibungslose Durchführung fungiert, Impulse für die Gestaltung des Fragebogens geben kann und ebenfalls eine Multiplikator_innenfunktion in der Belegschaft hat (zum Thema Mitbestimmung im Rahmen von MAB siehe unten). Darüber hinaus nehmen die Beauftragten für Datenschutz und Informationssicherheit eine wichtige Funktion im Kontext der Akteur_innen einer MAB ein (zum Datenschutz siehe unten). Weiterhin können auch externe Dienstleistende relevant werden und den Prozess der MAB in den Organisationen unterstützen.

Rechtliche Aspekte: Mitbestimmung, Datenschutz und Gleichbehandlung

Bei der Durchführung einer MAB müssen verschiedene rechtliche Regelungen[1] in Bezug auf die Mitbestimmung, den Datenschutz sowie auf die Gleichbehandlung beachtet werden.

Grundsätzlich sind, bezogen auf die rechtlichen Grundlagen der *Beteiligung von Betriebsräten* in der Privatwirtschaft *oder Personalvertretungen* im öffentlichen Dienst, Mitwirkungs- und Mitbestimmungsrechte zu unterscheiden (Koch, 2018). Nach Kißler und Kolleg_innen (2011) gehören Unterrichtungs-, Beratungs- und Vorschlagsrechte zu den Mitwirkungsrechten. Die Mitwirkungsrechte sind dabei so angelegt, dass auch gegen den Willen des Betriebsrats bzw. der Personalvertretung entschieden werden kann (Kißler et al., 2011). Davon abzugrenzen sind die Mitbestimmungsrechte, die sich durch eine Machtparität auszeichnen und auch Initiativrechte des Betriebsrats bzw. der Personalvertretung enthalten können (§ 87 BetrVG – Betriebsverfassungsgesetz bzw. § 69 f. BPersVG – Bundespersonalvertretungsgesetz; oder die entsprechenden landesrechtlichen Regelungen). Gibt es unter geltendem Mitbestimmungsrecht keine Einigung, so muss eine Lösung über eine rechtlich vorgeschriebene Einigungsstelle erzielt werden. Wird gegen ein Mitbestimmungsrecht verstoßen, so hat der Betriebsrat einen Unterlassungsanspruch (vgl. BAG, Beschl. v. 03.05.1994, Az. 1 ABR 24/93).

Im Rahmen der MAB drehen sich die meisten Diskussionen spezifisch um Mitbestimmungsrechte. Dabei haben sich insbesondere durch aktuelle Entscheidungen des Bundesarbeitsgerichts (BAG, Beschl. v. 11.12.2018, Az. 1 ABR 13/17; Beschl. v. 21.11.2017, Az. 1 ABR 47/16) Klärungen in Bezug auf die rechtlichen Grundlagen der Mitbestimmung bei MABs ergeben. So wurde deutlich gemacht, dass anonyme und freiwillige MABs keine Personalfragebögen (im Sinne von § 94 Abs. 1 BetrVG) und in der Regel auch nicht als Gefährdungsbeurteilungen psychischer Belastungen (nach dem Arbeitsschutzgesetz § 5 ArbSchG und § 87 Abs. 1 Nr. 7 BetrVG) konzipiert sind oder als einschlägige Maßnahme des Arbeitsschutzes (nach § 3 ArbSchG) angesehen werden können. Entsprechend gibt es bei anonymen und freiwilligen MABs kaum eine rechtliche Grundlage für eine Verpflichtung zur Mitbestimmung.

Unabhängig vom Inhalt führen insbesondere Freiwilligkeit und Anonymität einer MAB dazu, dass eine Mitbestimmung bei Papierbefragungen nicht notwendig ist (Grützner, 2018). Bei der Anwendung von *elektronischen Verfahren* zur Durchführung der MAB (z. B. Online-Befragung, App) sieht die Lage anders aus (Hoffmann & Kremer, 2019). So besteht durch die genutzte Technologie (nach § 87 Abs. 1 Nr. 6 BetrVG bzw. § 75 Abs. 3 Nr. 17 BPersVG) grundsätzlich ein Mitbestimmungsrecht (Timmermann, 2019).

---

1 Im Folgenden werden insbesondere die rechtlichen Gegebenheiten in Deutschland betrachtet, wobei spezielle Regelungen für Branchen (z. B. Montan-Mitbestimmung) oder Bundesländer bedacht, aber in diesem Rahmen nicht detaillierter betrachtet werden können.

Generell ist in diesem Zusammenhang zu beachten, dass die *Mitarbeitendenvertretung* im Rahmen der Unterrichtungspflicht des Arbeitgebenden (§ 80 Abs. 2 BetrVG bzw. § 68 Abs. 2 BpersVG; vgl. BAG, Beschl. v. 08.06.1999, Az. 1 ABR 28/97) über die MAB informiert werden muss (Linke, 2018). Die Information muss dabei rechtzeitig und umfassend erfolgen, damit Mitbestimmungsrechte geprüft werden können. Zudem können sich je nach Fragestellung auch weitere Auskunftspflichten in Bezug auf organisationsbezogene Auswertungen ergeben (vgl. BAG, Beschl. v. 08.06.1999, Az. 1 ABR 28/97).

Neben der rechtlichen Lage ist die Bedeutung der Mitarbeitendenvertretung im Rahmen der Projektgestaltung und -durchführung jedoch so zentral, dass unabhängig von der rechtlichen Verpflichtung eine frühzeitige Einbindung der Mitarbeitendenvertretung deutlich zu empfehlen ist. Die Mitarbeitendenvertretung kann dabei nicht nur in Bezug auf rechtliche Fragestellungen hilfreich sein, sondern den Befragungsprozess mit ihrem Expert_innenwissen über die Organisation und die Mitarbeitenden sowie mit ihrer Rolle in der Organisation unterstützen, z.B. in Bezug auf Ausgestaltung der Durchführung, Fragebogengestaltung, Projektkommunikation und Folgephase. In diesem Zusammenhang betonen Müller, Bungard et al. (2007), dass es wenig sinnvoll ist, eine MAB gegen und nicht mit der Mitarbeitendenvertretung durchzuführen.

Das Thema *Datenschutz* ist schon seit jeher eng mit der MAB verbunden, da insbesondere die Anonymität als ein großer Vorteil von Befragungen als Feedback-Kanal gesehen werden kann (siehe Abschnitt 1.4.1). Durch die Anonymität der Befragungen können Mitarbeitende auch bei kritischen Themen ehrliche Rückmeldungen ohne Befürchtungen von persönlichen Nachteilen abgeben und so ein möglichst unverzerrtes Bild der Situation in der Organisation aufzeigen (Saari & Scherbaum, 2011).

Mit der *europäischen Datenschutzgrundverordnung* (2016/679/EU-DSGVO) erfährt das Thema des Datenschutzes eine verstärkte Aufmerksamkeit. Anonyme Befragungen, bei denen keine Bezüge von Daten zu Einzelpersonen hergestellt werden können, sind von den Regelungen der EU-DSGVO und des Bundesdatenschutzgesetzes – BDSG jedoch nicht direkt betroffen (z.B. Hoffmann & Kremer, 2019). Während das Thema des Datenschutzes im engeren Sinne auf den Schutz personenbezogener Daten fokussiert, spielt im Rahmen der MAB auch der Schutz von Daten, die die Organisation oder Teile der Organisation betreffen, eine wesentliche Rolle. Entsprechend kommt generell auch der allgemeinen Informationssicherheit eine zentrale Stellung im Rahmen der MAB zu.

Themen des Datenschutzes und der Informationssicherheit sind entsprechend von Anfang an und bezogen auf den gesamten Prozess der MAB zu berücksichtigen. Tabelle 7 gibt einen Überblick über relevante Themen des Datenschutzes in verschiedenen Phasen der MAB.

Tabelle 7: Überblick über relevante Datenschutz-Themen in verschiedenen MAB-Phasen (insbesondere beim Einsatz von personenbezogenen Daten), mit freundlicher Unterstützung durch Heiko Beemers, TopZert GmbH

Phasen	Beispielhafte Themenschwerpunkte
Vorbereitungs-phase	• frühzeitige Information und *Einbindung von Beauftragten des Datenschutzes* und der Informationssicherheit, Mitarbeitendenvertretung und IT-Expert_innen aus der eigenen Organisation (insbesondere bei Online-Befragungen) • Spezifikation der *rechtlichen Grundlage* für Nutzung und Verarbeitung personenbezogener Daten im Rahmen der MAB (mögliche Erlaubnistatbestände: berechtigtes Interesse nach Interessenabwägung, Einwilligung, Betriebs- bzw. Dienstvereinbarung – siehe Däubler, 2017; Gola, 2013 sowie Hoffmann & Kremer, 2019 für eine aktuelle Diskussion) • Gewährleistung von *technisch-organisatorischen Maßnahmen (TOMs)* gemäß Art. 32 EU-DSGVO, beispielsweise Vertraulichkeit, Integrität, Verfügbarkeit und Belastbarkeit der Systeme und Dienste sowie die Wiederherstellung der Verfügbarkeit und Verfahren der regelmäßigen Überprüfung, Bewertung und Evaluierung der Wirksamkeit der TOMs (auch bei externen Dienstleistenden) • Einsatz von *externen Dienstleistenden* (z.B. Abschließen eines Auftragsverarbeitungs-Vertrags (AV-Vertrag) nach EU-DSGVO; Beachten des Datenschutz-Niveaus, insbesondere bei Dienstleistenden außerhalb der EU)
Erhebungs-phase	• Berücksichtigung von personenbezogenen Daten in der MAB orientiert an den *Grundsätzen der Datenminimierung und der Zweckbindung* nur in möglichst geringem Ausmaß (nur relevante Daten, gruppierte Erfassung durch Kategorien, Verzicht auf besonders schützenswerte personenbezogene Daten) • Abwägung von Maßnahmen zur *Sicherung der Datenqualität* auf der einen Seite und *Freiwilligkeit* und *Anonymitätswahrnehmung* auf der anderen Seite (z.B. offener vs. personalisierter Zugang zur Befragung; personalisierte vs. allgemeine Erinnerungen; Vermeidung des Abhakens von individuellen Verteilungslisten; Vermeidung von Pflichtfragen; Selbstausfüllen vs. Hinterlegen von personenbezogenen Daten; Vermeiden von Strichcodes auf Papierbefragungen; individuelle Codes in Einladungsschreiben vs. Bereitstellung von Zuordnungslisten) • *Bereitstellen umfangreicher Informationen* zur Befragung und dem Umgang mit den personenbezogenen Daten (z.B. Art der personenbezogenen Daten, Zweck der Befragung, Ablauf der Befragung, beteiligte Stellen, Kontakt des Datenschutzbeauftragten, geplante Verarbeitung und Auswertungen, Speicherung und Löschung, Betroffenenrechte) • Expliziter Hinweis auf *Anonymität, Freiwilligkeit und Nachteilsfreiheit* in den Fragebögen (Kelber & Müller, 2019) • Erhöhung der Verarbeitungssicherheit durch Nutzung von *Pseudonymisierung* und Trennung von personenbezogenen Daten und Meinungsdaten sowie möglichst frühzeitiges Anonymisieren (Beziehbarkeit der Antworten auf Einzelpersonen auflösen)

Tabelle 7: Fortsetzung

Phasen	Beispielhafte Themenschwerpunkte
Auswertungsphase	• Definition von Grenzen für Auswertungen in Bezug auf einzelne Einheiten (häufig werden zwischen 5 und 7 Antworten als *Anonymitätsgrenze* für die Ergebnisrückmeldung gewählt; vgl. Borg, 2003; Hinrichs, 2009; Holst et al., 2018; Kraut, 2006a) sowie in Bezug auf (kombinierte) Merkmalsauswertungen, auf die Aggregation von Berichten und in Bezug auf offene Kommentare (hier werden oft höhere Rückmeldegrenzen genutzt; vgl. Borg & Mastrangelo, 2008; Linke, 2018) • *Bereinigung* von offenen Kommentaren (z. B. Standardisierung, Löschung von Klarnamen) • Vermeidung von Klarnamen in Bezeichnungen für Auswertungseinheiten • Regelungen in Bezug auf den Umgang mit den *Berichten* (Verteilung und Einblicke) und die *Durchführung von Quervergleichen*, insbesondere beim Thema direkte Führung (Borg, 2003) • Regelung, wer (z. B. externe Dienstleistende, Personalabteilung, Betriebsrat, Datenschutzbeauftragte) *Zugang* zu welchen Daten (z. B. Fall-Daten; aggregierte Daten) hat • *Löschkonzept* abstimmen: welche Daten werden wann gelöscht, welche Daten wie lange für welche Zwecke aufbewahrt (z. B. Vernichtung Papierbefragung, Löschung von Fall-Daten, verschlüsselte Archivierung)

Neben der rechtlichen Lage und dem objektiven Grad der Anonymität ist für die MAB zudem die *psychologische Anonymität* entscheidend (Mueller et al., 2014). Hier spielt auch die Organisationskultur eine Rolle. So können Maßnahmen zur Sicherung der Vertraulichkeit in einer Organisation als ausreichend empfunden werden, während in anderen Organisationen eine „Verschwörung" gewittert wird (Müller, Bungard et al., 2007). Insgesamt sollte das Thema des Datenschutzes nicht als unnötige Hürde angesehen werden. Vielmehr trägt ein gutes Datenschutzkonzept dazu bei, die Akzeptanz der Befragung und die Nützlichkeit der Befragung aufgrund ehrlicher Einschätzungen zu erhöhen.

Im Kontext des Themas der *Gleichbehandlung* sind mehrere rechtliche Grundlagen zu berücksichtigen. Neben der allgemeinen Ebene der Unantastbarkeit der Würde des Menschen aus dem Grundgesetz (Art. 1 GG) zielt beispielsweise das Allgemeine Gleichbehandlungsgesetz (AGG) darauf ab, „Benachteiligungen aus Gründen der Rasse oder wegen der ethnischen Herkunft, des Geschlechts, der Religion oder Weltanschauung, einer Behinderung, des Alters oder der sexuellen Identität zu verhindern oder zu beseitigen" (Art. 1 AGG). Angewendet auf die MAB bedeutet die Gleichbehandlung, dass keine Diskriminierung aus dem Inhalt und der Ausgestaltung der MAB hervorgehen soll (Bradfisch, 2012). Fragen sollten demnach diskriminierungsfrei gestaltet sein. Diskriminierungsfrei bedeutet dabei nicht, dass es keine Frage zu den entsprechenden Merkmalen geben darf, vielmehr dürfen nur zulässige Fragen gestellt werden (vgl. Schuler & Mussel, 2016). Eine Orientierung in Bezug auf die Zulässigkeit von Fragestellungen kann die von Schuler (2014) erstellte Übersicht zu zulässigen und unzulässigen Fragen im Kontext von Personalauswahl und von Personalfragebögen geben.

Auch das Gesetz zur Gleichstellung von Menschen mit Behinderungen (BGG) hat im Kontext der MAB insbesondere mit der Forderung nach *Barrierefreiheit* (§ 4 BGG) eine wesentliche Bedeutung. Insbesondere bei Online-Befragungen gibt es entsprechende Vorgaben und Richtlinien sowie Ressourcen zur barrierefreien Gestaltung, die es ermöglichen, dass die Websites mit assistiven Technologien beispielsweise per Screenreader (Bildschirmvorleser) auch für Mitarbeitende mit Behinderungen nutzbar sind, z. B.

- Web Content Accessibility Guidelines (WCAG) 2.0 (W3C, o. J.),
- Barrierefreie Informationstechnik-Verordnung (BITV) 2.0 (Bundesministerium für Arbeit und Soziales, o. J.),
- Ergonomie der Mensch-System-Interaktion – Teil 171: Leitlinien für die Zugänglichkeit von Software (ISO 9241-171:2008) (DIN, 2008),
- Accessibility requirements for ICT products and services (EN 301 549) (ETSI et al., 2019).

Tabelle 8: Vier grundlegende Prinzipien der Barrierefreiheit

Prinzip der Wahrnehmbarkeit	• schlichte, übersichtliche Struktur (z. B. Unterscheidung zwischen Navigations-, Fragen- und Antwortbereichen, Reduzierung komplexer tabellarischer Matrixfragen) • klare Farbkonzepte (z. B. deutliche Kontraste zwischen Text und Hintergrund sowie skalierbare Schriftgröße) • Orientierungsmöglichkeiten über visuelle Hinweise hinaus (nicht nur auf Farben oder andere optische Hervorhebungen setzen), insbesondere auch bei Antwortskalen • gleichwertige Textalternativen, wenn Videos oder Bilder eingesetzt werden (z. B. Gebärdensprache, Untertitel, beschreibende Alternativtexte)
Prinzip der Bedienbarkeit	• Steuerbarkeit über Tastatur (Tab-Navigation, Initialposition im ersten relevanten Feld) • aktive Flächen in ausreichender Größe • Hinweise und Hilfen zur Navigation (z. B. Vermeidung von Hinweisen wie „untenstehend"/„siehe oben"; Nutzung von Ziffern bei Optionen in Drop-down-Menüs, Beschreibung von Hyperlinks) • Nutzung typischer Elemente und Positionen für Navigation in der Befragung und Beantwortung der Fragen
Prinzip der Verständlichkeit	• Nutzung verständlicher Sprache (einfache Satzstruktur, Vermeidung ungebräuchlicher Wörter oder Abkürzungen) • Hinweise zur Vermeidung oder Korrektur von Fehlern beim Ausfüllen
Prinzip der Robustheit	• Kompatibilität zu assistiven Techniken (z. B. Screenreader) • passende Browser-Unterstützung • Nutzung einer Startseite zur Auswahl einer entsprechend passenden Fragebogen-Version

Ein wichtiger Hinweis zur Barrierefreiheit kommt dabei von Algermissen, Dermann und Niehaves (2005), die deutlich machen, dass gutes Design und Barrierefreiheit nicht widersprüchlich sind, sondern viele Kriterien der Barrierefreiheit auch als Zeichen für gutes Design gelten. Die Barrierefreiheit ist dabei an vier grundlegenden Prinzipien orientiert: dem Prinzip der Wahrnehmbarkeit, dem Prinzip der Bedienbarkeit, dem Prinzip der Verständlichkeit und dem Prinzip der Robustheit (Caldwell et al., 2008). Diesen Prinzipien lassen sich konkrete Gestaltungsmerkmale für (Online)-MABs zuordnen (siehe Tabelle 8; vgl. Caspers, 2019; Fenlason & Suckow-Zimberg, 2006).

4.1.2 Befragungsinstrument

Instrumentenentwicklung

Wichtig ist es, bei der Instrumentenentwicklung die Einbindung zentraler Stakeholder zu beachten, dazu gehören z.B. die Leitungsebene, Führungskräfte unterschiedlicher Ebenen und Bereiche, die Mitarbeitendenvertretung sowie Vertreter_innen weiterer Statusgruppen (Gleichstellungsbeauftragte oder Schwerbehindertenbeauftragte). Darüber hinaus ist ein inhaltlicher sowie ein technischer Pretest in der Fragebogenentwicklung von besonderer Bedeutung (Linke, 2018). Ein *Pretest* zielt insbesondere darauf ab, die Verständlichkeit der Fragen zu bestimmen, Schwierigkeiten bei der Beantwortung zu identifizieren, das Interesse der Befragten an bestimmten Themen zu eruieren, ggf. Kontexteffekte oder technische Schwierigkeiten aufzudecken sowie eine Einschätzung dazu zu erhalten, wie lange die Beantwortung des Fragebogens in Anspruch nehmen wird (Lenzner et al., 2016).

Lenzner, Neuert und Otto (2016) unterscheiden in Bezug auf die Methoden zwischen konventionellem und kognitivem Pretesting. Im *konventionellen Pretest* wird der Fragebogen unter möglichst realistischen Bedingungen vorgetestet. Primär geht es dabei darum, technische Defekte (z.B. in der Filterführung o.Ä.) zu identifizieren, einen ersten Überblick über mögliche Antwortverteilungen zu erhalten und die Länge der Bearbeitungsdauer abzuschätzen. Demgegenüber steht das *kognitive Pretesting*. Dazu stehen unterschiedliche Methoden zur Verfügung. Im Rahmen der „Think aloud“-Technik werden die Teilnehmenden beispielsweise gebeten, alle Gedanken, die ihnen zu einer Frage in den Sinn kommen, laut auszusprechen. Probing-Techniken basieren wiederum darauf, zu einer Frage explizit verschiedene Nachfragen zu stellen, z.B. „Was verstehen Sie unter ...?“ oder „Können Sie erklären, warum Sie diese Antwortalternative gewählt haben?“.

Zur Frage, wer am Pretest teilnehmen soll, gibt es unterschiedliche Empfehlungen. So kann eine Strategie darin liegen, möglichst „repräsentative“ oder „typische“ Teilnehmende zu rekrutieren, andere Empfehlungen gehen dahin, eher auch „extreme Fälle“ mit einzuschließen. Bei der Frage der Größe des notwendigen Samples für den Pretest variieren die Angaben von 12 bis zu 30 befragten Personen.

Im Fall von Online-Befragungen sollte zunächst die störungsfreie Zustellung des Online-Links und dessen Aufruf getestet werden. In Absprache mit der IT-Administration sind hier Einstellungen zum sogenannten Whitelisting des entsprechenden Absendendens notwendig, damit Nachrichten der entsprechenden Absender-Adresse zugestellt und die Online-Befragung aufgerufen werden können. Darüber hinaus sollte, wenn dies vorgesehen ist, die Möglichkeit der Wiederaufnahme der Befragung getestet werden sowie das fehlerfreie Absenden der Daten nach Beendigung der Befragung.

Inhalte

Eines der Hauptmerkmale der MAB ist das *breite Themenspektrum der abgefragten Inhalte*. Im Kern stehen dabei in der Regel sowohl organisationale als auch arbeitsplatzbezogene Faktoren, wodurch sowohl zentrale Feedbackinteressen der Leitungsebene als auch dezentrale Feedbackinteressen für Workshops mit den Mitarbeitenden abgedeckt werden können. Obwohl sich die Themen und konkreten Fragen in der Praxis oft an den speziellen Bedarfen der Organisationen orientieren und entsprechend oft eigenentwickelte Fragebögen zum Einsatz kommen, gibt es doch Inhalte, die als typisch bezeichnet werden können.

Dabei zeigte sich in den praxisnahen Untersuchungen von Frieg und Hossiep (2018) zum Einsatz von MABs im deutschsprachigen Raum, dass die Themen Führung, Information und Kommunikation, berufliche Weiterbildung, Zusammenarbeit mit Kolleg_innen sowie Arbeitsbedingungen gleichbleibend zu den fünf am häufigsten erfassten Themen in MABs gehören. Insbesondere das Thema Führung konnte über einen Zeitverlauf von 10 Jahren stabil die Spitzenposition halten. Das breite Themenspektrum der MAB zeigte sich auch darin, dass mehr als 15 der betrachteten Themen in über 50 % der Befragungen eingesetzt wurden. Zudem ließ sich erkennen, dass die Themen Verbundenheit mit der Organisation (Commitment), Work-Life-Balance und Kund_innenorientierung vermehrt in die MAB aufgenommen wurden. Ähnlich berichteten Stephany et al. (2012) von einem Trend, stärker auch strategische Inhalte wie beispielsweise Kund_innenorientierung, Qualität, Einschätzungen zur Strategie oder Innovationen in der MAB zu erheben. Zudem spielen Themen wie Digitalisierung, Agilität, Reflexivität, Erholungsmöglichkeiten, Diversität, Compliance und Entrepreneurship eine zunehmend wichtige Rolle im Rahmen der MAB.

Eine Zusammenstellung typischer Themen und Beispielitems vor dem Hintergrund des integrierten Modells des Erlebens bei der Arbeit (siehe Abschnitt 2.3) findet sich in Tabelle 9. Darüber hinaus finden sich weitere Zusammenstellungen z. B. praxisorientiert bei Borg (2003) sowie bei Kador und Armstrong (2010) oder orientiert an wissenschaftlichen Skalen bei Fields (2002).

Tabelle 9: Typische MAB-Themen und Beispielitems

Dimensionen des integrierten Modells des Erlebens bei der Arbeit	Thema	Top-Themen aus:		Typische Themen nach:		Beispielitems der RACER Benchmark Group (Abdruck erfolgt mit freundlicher Genehmigung von Detlef Hartmann, RACER Benchmark Group)
		Hossiep & Frieg (2008)	Frieg & Hossiep (2018)	Borg & Mastrangelo (2008)	Schroer & Wittchen (2015)	
Professional	Arbeitsinhalte	+	+	+	+	Ich kann meine Kenntnisse und Fähigkeiten bei meiner Arbeit gut einbringen.
	Arbeitsabläufe und Zuständigkeiten	+	+	+		In meinem Arbeitsumfeld/Team sind alle Arbeitsabläufe gut organisiert.
	Entwicklung	+	+	+	+	Ich habe gute berufliche Entwicklungsmöglichkeiten in meiner Organisation.
	Mitgestaltung	+	+			Ich fühle mich ermutigt, Verbesserungsvorschläge und neue Ideen einzubringen.
Functional	Arbeitszeit/Work-Life-Balance	(+)	+		+	Meine Arbeit und mein Privatleben sind gut miteinander vereinbar.
	Arbeitsbedingungen	+	+	+	+	Ich habe die Arbeitsmittel (z. B. [mögliche Beispiele: Werkzeuge, Geräte, PC, Software usw.]), die ich brauche, um gute Arbeit zu leisten.
	Beschäftigungssicherheit	(+)		+		Ich bin optimistisch, was die Zukunft meiner Organisation betrifft.
	Arbeitsschutz					Meine Organisation setzt sich konsequent für Arbeitssicherheit ein.
	Vergütung	+	+	+	+	Ich werde angemessen bezahlt.
Relational	Kommunikation	+	+	+	+	Ich erlebe die Kommunikation in meiner Organisation als offen und ehrlich.
	Übergreifende Zusammenarbeit			+	+	Die Zusammenarbeit mit anderen Bereichen innerhalb meiner Organisation funktioniert gut.
	Diversity		(+)	+		Meine Organisation schafft ein Klima gegenseitigen Respekts zwischen allen Mitarbeiter_innen, ungeachtet unterschiedlicher Hintergründe.
	Team	+	+	+	+	In meinem Arbeitsumfeld/Team herrscht ein gutes Arbeitsklima.
	Führungskraft	+	+	+	+	Ich erhalte von meiner direkten Führungskraft klare und hilfreiche Rückmeldungen zu meiner Leistung.
	Agilität und Fehlerkultur					In meinem Arbeitsumfeld/Team nutzen wir Fehler als Chance zum Lernen und zur Verbesserung.

Tabelle 9: Fortsetzung

Dimensionen des integrierten Modells des Erlebens bei der Arbeit	Thema	Top-Themen aus:		Typische Themen nach:		Beispielitems der RACER Benchmark Group (Abdruck erfolgt mit freundlicher Genehmigung von Detlef Hartmann, RACER Benchmark Group)
		Hossiep & Frieg (2008)	Frieg & Hossiep (2018)	Borg & Mastrangelo (2008)	Schroer & Wittchen (2015)	
Transformational	Strategie und Zukunft	+	+	+	+	Ich stehe voll und ganz hinter den Zielen und der Strategie meiner Organisation.
	Nachhaltigkeit					Meiner Meinung nach übernimmt meine Organisation Verantwortung gegenüber der Gesellschaft und berücksichtigt soziale Belange.
	Compliance					In meiner Organisation haben die Einhaltung von Gesetzen, internen Regelungen, und Compliance-Vorschriften einen hohen Stellenwert.
	Kund_innenorientierung	(+)	+	+	+	Bei uns steht der/die Kunde/Kundin an oberster Stelle.
	Qualität/Produkte	(+)	(+)	+	+	In meinem Arbeitsumfeld/Team erzielen wir hervorragende Qualität in unseren Arbeitsergebnissen.
	Digitalisierung					In meinem Arbeitsumfeld/Team nutzen wir die Vorteile neuer Technologien und der Digitalisierung.
Outcomes	Engagement	+	+		+	Ich bin bereit, mich für den Erfolg meiner Organisation in hohem Maße einzusetzen.
	Wohlbefinden	+	+	+	+	Normalerweise sind Leistungsanforderungen und Arbeitsaufkommen für mich gut zu bewältigen.
	Commitment und Attraktivität	+	+	+	+	Ich bin stolz darauf, für meine Organisation zu arbeiten.
Evaluation	MAB-Prozess					In meinem Arbeitsumfeld/Team wurde über die Ergebnisse der letzten Mitarbeiterbefragung (MAB 20XY) gut informiert.
	MAB-Folgen					Die Mitarbeiterbefragung (20XY) führte zu positiven Veränderungen in meinem Arbeitsumfeld/Team.

Über die reine Orientierung an typischen Themen, die andere Organisationen in MABs abfragen hinausgehend, empfiehlt es sich, die Fragebogenentwicklung an Modellen auszurichten, da diese auch Ursache-Wirkungs-Annahmen abbilden (siehe Kapitel 2) und somit weitergehende Analysen zu Stellhebeln und Zielkonstrukten ermöglichen (siehe Abschnitt 4.2.2).

Demografische Fragen sind in fast allen MABs enthalten, jedoch kann der Umfang der erfassten demografischen Aspekte deutlich variieren. Bei demografischen Angaben lassen sich zwei Kategorien unterscheiden: personenbezogene (z. B. Alter, Geschlecht) oder organisatorische (z. B. Abteilungszugehörigkeit, Beschäftigungsart, Funktion, Mitarbeitendenstatus) demografische Zuordnungen (Borg & Mastrangelo, 2008). Die Zugehörigkeit zu einer bestimmten Organisationseinheit (z. B. Team- oder Abteilungszugehörigkeit) ist eines der wichtigsten demografischen Merkmale (Borg, 2003) und wird für jede MAB benötigt, bei der nicht nur ein Gesamtbericht, sondern auch spezifische Auswertungen für dezentrale Berichte (z. B. für Teams oder Abteilungen) ermöglicht werden sollen. Häufig werden in Organisationen zusätzlich weitere demografische Informationen erfasst, dazu gehören insbesondere Alter, Betriebszugehörigkeit, Geschlecht und die Führungsebene.

Je mehr demografische Aspekte in der MAB genutzt werden, desto eher kann die *psychologische Anonymität* beeinträchtigt sein (Mueller et al., 2014), weil die Teilnehmenden sich über die Kombination der Merkmale identifizierbar fühlen und dies ohne entsprechende Verfahrensvorgaben für die Auswertung im Sinne von Anonymitätsgrenzen und Kombinationseinschränkungen häufig auch tatsächlich der Fall wäre (siehe auch Abschnitt 4.1.1). Eine vorbeugende und stark zu empfehlende Maßnahme ist die Erfassung der demografischen Aspekte in Segmenten, also beispielsweise Altersgruppen statt Geburtsjahrgang (Edwards et al., 1997).

Gestaltung

Neben der Auswahl und Definition der Fragebogeninhalte sollte auch auf die *konkrete Gestaltung des Fragebogens* besonderes Augenmerk gelegt werden, da diese aus zweierlei Gründen von Bedeutung ist. Zum einen ist die konkrete Gestaltung des Fragebogens und der einzelnen Fragen direkt mit qualitätsbezogenen Aspekten der zu erhaltenen Daten verbunden (z. B. Reliabilität und Validität). Zum anderen hat die Gestaltung des Fragebogens Auswirkungen auf die Akzeptanz und Motivation der Mitarbeitenden (z. B. Teilnahmequote, Abbruchquote, nachlässiges Antwortverhalten sowie das Auslassen von Fragen), wodurch indirekt die Qualität der Ergebnisdaten und der entsprechende Informationsgewinn beeinflusst werden.

In der Regel besteht der Fragebogen aus (siehe Müller, Bungard et al., 2007):
- Titelseite
- Anschreiben mit Motivation zur Teilnahme und Informationen

- Hinweise zum Prozess: Befragungszeitraum, Berichtszeitraum, Ausblick zum weiteren Prozess
- Hinweise zum Ausfüllen, zur Anonymität und Datensicherheit, Rücksendung und Ansprechpartner_in für Rückfragen
- dem eigentlichen Fragebogen mit den inhaltlichen Themenblöcken

Der eigentliche Fragebogen besteht aus einer Reihe von Items bzw. Itemblöcken. Ein Item besteht aus einem Itemstamm und den Antwortoptionen. Der Itemstamm ist in der Regel eine Frage bzw. ein Statement. Das Antwortformat kann entweder offen *(offenes Item)* als Freitext gestaltet sein oder fest vorgegebene Antwortkategorien besitzen (*geschlossene Items*; siehe Abbildung 6).

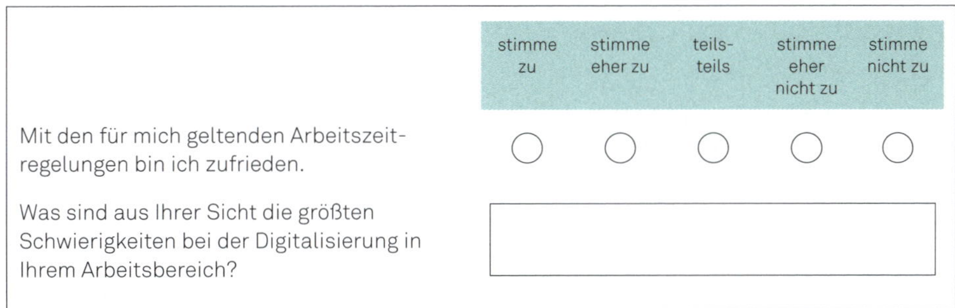

Abbildung 6: Beispiele für offene und geschlossene Items

Zur konkreten Gestaltung von Fragebögen gibt es umfangreiche und vielfältige sozialwissenschaftliche Forschung und auch zusammenfassende Gestaltungsempfehlungen. Grundlage der Forschung bilden hierzu häufig die in Abschnitt 2.5 aufgeführten Modelle zu Antwortverhalten in Befragungen. Gute allgemeine Übersichtsarbeiten zu Aspekten der Fragebogengestaltung finden sich zum Beispiel bei Krosnick und Presser (2010), Menold und Bogner (2015) oder Lietz (2010).

Innerhalb der MAB sind geschlossene Ratingskalen das dominante Itemformat (Frieg & Hossiep, 2018). *Ratingskalen* sind derart gestaltet, dass Teilnehmende an der Befragung ein Merkmal, welches in Form einer Frage oder Aussage dargestellt ist, auf einem Bewertungskontinuum einschätzen. Dieses Bewertungskontinuum kann sowohl inhaltlich (z.B. Wichtigkeit, Zufriedenheit, Zustimmung, Häufigkeit) als auch bezüglich des Differenzierungsgrades der Einschätzung, d.h. bzgl. der Anzahl und Form der Antwortoptionen variieren (Menold & Bogner, 2015). In der MAB-Praxis sind sogenannte *Likert-Items* bzw. -Skalen, als Sonderform geschlossener Ratingskalen, am weitesten verbreitet (Frieg & Hossiep, 2018). Likert-Items sind derart gestaltet, dass die Mitarbeitenden zu bestimmten positiven oder negativen Aussagen (Statements) ihren Grad der Zustimmung angeben (Joshi et al., 2015; siehe auch Abbildung 7). Mehrere Items diesen Typs werden dann zu einer Skala zusammengestellt und die Werte auf den einzelnen Items in der Regel ungewichtet zum Skalenwert aggregiert. Diese Skalenwerte reflektieren dann den aggregierten Wert in Bezug auf ein bestimmtes Themengebiet. Likert-Skalen sind insbesondere wegen der Einfachheit ihrer Konstruktion und der hohen Effizienz und Leichtigkeit der Beantwortung sehr populär (Krosnick & Presser, 2010). Ferner lassen sie sich in Umfragen kompakt in Form von Item-Matrizen darstellen (Borg, 2015; Menold & Bogner, 2015).

	stimme zu	stimme eher zu	teils-teils	stimme eher nicht zu	stimme nicht zu
Die Abläufe in unserem Arbeitsbereich sind gut organisiert.	◯	◯	◯	◯	◯
Die Abstimmung an Schnittstellen zu anderen Bereichen ist gut.	◯	◯	◯	◯	◯
Die geforderte Arbeitsmenge ist in der vorgesehenen Zeit gut zu bewältigen.	◯	◯	◯	◯	◯
Die Zuständigkeiten in unserem Arbeitsbereich sind klar geregelt.	◯	◯	◯	◯	◯
Insgesamt bin ich mit den Arbeitsabläufen in unserem Arbeitsbereich zufrieden.	◯	◯	◯	◯	◯

Abbildung 7: Beispiele für Likert-Items und -Skala

Alternativ zum Likert-Format kann der Grad der Bewertung bzw. Zufriedenheit direkt in der Antwortskala und nicht der Grad der Zustimmung zu einer Aussage erfasst werden (siehe Abbildung 8), was insbesondere Zustimmungstendenzen reduzieren soll, die häufig mit dem Likert-Format assoziiert werden (siehe auch Menold & Bogner, 2015).

	sehr zufrieden	zufrieden	teils-teils	unzufrieden	sehr unzufrieden
Wie zufrieden sind Sie mit Ihren Weiterbildungsmöglichkeiten?	◯	◯	◯	◯	◯

Abbildung 8: Beispielitem – Zufriedenheit

Neben bewertenden Items finden sich in MABs gelegentlich auch andere Antwortformate wie die Erfassung der Wichtigkeit, der Häufigkeit oder Items mit Einfach- oder Mehrfachauswahl. Die direkte *Erfassung der Wichtigkeit* (z. B. „Wie wichtig ist in Ihrer Organisation ... Qualität/gute Teamarbeit/Innovation/Nachhaltigkeit etc.?“) ist mit einer ganzen Reihe von erheblichen Problematiken und Herausforderungen verbunden (z. B. „Alles ist wichtig“-Phänomen: hohe Wichtigkeitswerte und wenig Differenzierungsgrad zwischen einzelnen Aspekten). Entsprechend sollten eher indirekte Formen der Ermittlung der Wichtigkeit genutzt werden (für einen Überblick siehe Kempen et al., 2018).

Bei *Häufigkeitsabfragen* sollte das sehr unterschiedliche Verständnis von eher vagen Begriffen wie z.B. „selten", „häufig" oder „regelmäßig" berücksichtigt werden. Statt der Verwendung vager verbaler Begrifflichkeiten sollten unter Berücksichtigung der organisationalen Besonderheiten und entsprechendem thematischen Fachwissens spezifische quantitative Kategorien in Bezug auf ein Zeitintervall spezifiziert werden (Lietz, 2010) bzw. die Möglichkeit gegeben werden, die Häufigkeit in Bezug auf ein Zeitintervall frei anzugeben.

Bei *Items mit Einfach- oder Mehrfachauswahl* (Single- oder Multiple-Choice) werden Mitarbeitende gebeten, aus mehreren möglichen kategorialen Alternativen eine oder mehrere auszuwählen (siehe Abbildung 9).

Wechselgründe

Es gibt verschiedene Gründe, die dazu führen, dass Mitarbeitende die Organisation verlassen. Nachfolgend sind einige Gründe aufgeführt, die Mitarbeitende genannt haben.

Was wären für Sie persönlich die 3 wahrscheinlichsten Gründe, die Organisation zu wechseln?

	Bitte kreuzen Sie 3 Gründe an
Keine Handlungs-/Entscheidungsspielräume zu haben	☐
Keine Erfolgserlebnisse zu haben	☐
Keine Aufstiegs- und Entwicklungsmöglichkeiten zu haben	☐
Keine Anerkennung zu bekommen	☐
Keine gute Führungskraft zu haben	☐
Keine gute Zusammenarbeit zu erleben	☐
Nicht angemessen entlohnt zu werden (Bezahlung)	☐
Keine planbaren Arbeitszeiten zu haben (unerwartete Änderungen)	☐
Keine Berücksichtigung von Arbeitszeitwünschen zu erfahren	☐
Keinen sicheren Arbeitsplatz zu haben (unsichere Perspektive)	☐

Bitte nur 3 Gründe ankreuzen

Abbildung 9: Beispiel für Mehrfachauswahl – Wechselgründe

Krosnick und Presser (2010) weisen auf Basis der empirischen Befundlage auf die Häufigkeit von sogenannten *Primacy-Effekten* bei der Auswahl innerhalb von kategorialen Fragen hin. Ein Primacy-Effekt bedeutet in diesem Zusammenhang, dass Kategorien, die weiter oben in der Liste stehen, wahrscheinlicher ausgewählt werden. Andere Probleme mit Auswahlfragen sind, dass die entsprechende Liste so gestaltet sein muss, dass sie möglichst alle relevanten Kategorien enthält, dass sich die Kategorien gegenseitig nicht überschneiden bzw. trennscharf sind und dass die Liste dennoch übersichtlich bleibt (Borg & Mastrangelo, 2008). Damit verlangt die Konstruktion von Auswahlfragen eine tiefe und organisationsspezifische Kenntnis des Frageinhalts und möglicher Antwortalternativen. Bei der Konstruktion solcher Fragen sollten daher organisationale Expert_innen zu der Thematik konsultiert und auch entsprechende Interviews, Fokusgruppen oder Pretests mit Mitarbeitenden durchgeführt werden.

Neben den vornehmlich geschlossenen Fragen können in MABs Fragen auch *offen* gestellt werden, ohne Vorgabe von bestimmten Antwortoptionen. Die Nutzung offener Kommentare oder freier Antwortfelder nimmt in der Praxis der MAB und auch im größeren Kontext organisationaler Befragungen deutlich zu (siehe hierzu Abschnitt 4.1.5). Hossiep und Frieg (2008) berichten in ihrer Praxisstudie zur MAB im deutschsprachigen Raum von 40 % der Organisationen, die offene Antworten in der MAB nutzten. In der Folgestudie 2018 (Frieg & Hossiep, 2018) nutzten bereits mehr als die Hälfte (57,4 %) der Organisationen die Möglichkeit zu offenen Antworten. Dabei ist die Nutzung offener Fragen nach wie vor oftmals Gegenstand umfangreicher Diskussionen und größerer Abwägungsprozesse. Um diesen Entscheidungsprozess im Einzelfall zu unterstützen, werden die wichtigsten Vorteile und Herausforderungen der Verwendung offener Fragen in MABs in Tabelle 10 im Überblick dargestellt.

Tabelle 10: Vor- und Nachteile offener Fragen

Vorteile		Nachteile	
Diagnostische Breite	• Themen, die nicht Gegenstand des Fragebogens waren, aber durchaus Relevanz für Mitarbeitende haben, können „nach oben gespült“ werden • „blind spots“ des Fragebogens werden salient • kein „Ostereier-Effekt“ wie bei geschlossenen Fragen (man kann nicht mehr finden, als man versteckt hat; vgl. Neuberger, 1996)	Probleme der Anonymität und Aggregation	• kann sowohl wahrgenommene als auch faktische Anonymität reduzieren – besonders bei Weitergabe an und durch direkte Führungskräfte – durch Beschreibung konkreter Ereignisse – durch Wortwahl/Schreibstil (Borg & Mastrangelo, 2008) *Empfehlungen:* • Hinweise auf anonymisierte Ergebnisrückmeldung beim Ausfüllen • Anonymisierung in Bezug auf Nennung konkreter Namen und sehr spezifischer Situationen • Nutzung von prototypischen Aussagen • Festlegung von Rückmeldeebenen und -grenzen

Tabelle 10: Fortsetzung

Vorteile		Nachteile	
Diagnostische Tiefe	• komplexe Sachverhalte können in eigenen Worten differenzierter dargestellt werden • in Kommentaren können Verbesserungsvorschläge enthalten sein (Jonas-Klemm, 2007) • Gründe und Ursachen der Bewertungen geschlossener Fragen werden erläutert (Jonas-Klemm, 2007)	Problematische Inhalte	• bei Nennung von Straftaten, Übergriffen u. Ä. – Geschehnisse sind dadurch „aktenkundig" – juristische Probleme möglich, falls keine Maßnahmen eingeleitet werden *Empfehlungen:* • Prüfung auf Beleidigungen und stark personalisierte Anschuldigungen und ggf. bereinigen • sicherstellen, dass Beiträge auf kritische Inhalte (durch automatisches Screening unterstützt) durchgesehen und ggf. Maßnahmen eingeleitet werden
Salienz/ Wichtigkeit von Themen	• Häufigkeit angesprochener Themen kann ein Indikator für die Salienz und relative Wichtigkeit der Themen aus Sicht der Mitarbeitenden sein (Church & Waclawski, 2017)	Aufwand und Kosten	• Kommentare müssen transkribiert/ digitalisiert oder in eine einheitliche Sprache übersetzt werden *Empfehlungen:* • Kommentare direkt digital erfassen • Anwendung neuer Technologien (automatische Übersetzung, Text Mining, automatisierte Auswertung) • themenspezifische Zusammenfassung in Kategorien (Clustern)
Akzeptanz der Befragung	• höhere Akzeptanz des Instrumentes der MAB durch Ermöglichung der Ansprache individuell relevanter Themen • offene Kommentare können dazu beitragen, die Wahrnehmung seitens der Mitarbeitenden, dass ein Interesse an ihrer Meinung besteht, zu stärken	Mangelnde Repräsentativität offener Kommentare	• Nutzungsrate der offenen Kommentare liegt meist im Bereich zwischen 20–50 % (z. B. Borg, 2015; Borg & Zuell, 2012; Jolton, 2005) • offene Kommentare – werden eher von unzufriedenen Mitarbeitenden verfasst – sind in der Mehrheit negativ konnotiert (Borg & Zuell, 2012) • negative Kommentare sind länger als positive *Empfehlung:* Hinweis zu Negativitätsbias im Ergebnisbericht aufnehmen

Tabelle 10: Fortsetzung

Vorteile		Nachteile	
		Reduzierung von echtem Dialog	• aufgrund der Reichhaltigkeit bestärken offene Kommentare mögliche Tendenzen, Erkenntnisse allein aus der Befragung selbst zu generieren und in geringerer Weise in den aktiven Dialog mit den Mitarbeitenden zu treten *Empfehlung:* Nutzung offener Kommentare in Folgeworkshops
		Illusion der individuellen Reaktion	• mögliche Erwartungen des einzelnen Mitarbeitenden, eine direkte oder indirekte Reaktion zu erhalten – besonders bei sehr persönlichen Kommentaren – durch Auswertungsprozesse (Anonymisierung, Clustern, Quantifizierung) kaum möglich *Empfehlung:* Transparenz des Auswertungsprozesses als Gegenmaßnahme

Zusammenfassend ist es gerade bei dem Thema offener Kommentare schwierig, generelle Empfehlungen über deren Verwendung oder Nichtverwendung zu tätigen. Die dargelegten Vorteile und Herausforderungen müssen im Einzelfall gegeneinander abgewogen und für die jeweilige Organisation passende Lösungen gefunden werden.

Wie in Abschnitt 2.5 dargelegt, ist die Beantwortung einer Befragung für die Teilnehmenden mit einer Reihe von häufig iterativen Aufgaben und komplexen Informationsverarbeitungsprozessen verbunden (Lietz, 2010). Hierbei spielt die *Formulierung der Fragen bzw. Statements* eine besondere Rolle. Die Fragen bzw. Statements müssen so formuliert sein, dass sie

- von den Teilnehmenden leicht verarbeitbar sind,
- den Aufwand zum Lesen und das Verständnis der Frage nicht übermäßig erschweren,
- die Intention in Bezug auf den zu erfassenden Inhalt gut transportieren,
- Missverständnisse vermeiden sowie
- eine angemessene Interpretierbarkeit der Ergebnisse erlauben.

Entsprechend gibt es eine Vielzahl von Empfehlungen zur Gestaltung von Fragen oder Statements innerhalb von Fragebögen. In dem folgenden *CAPS-Modell* (Comprehension – Actionability – Precision – Simplicity) werden generelle und praxisrelevante Empfehlungen aus der Literatur systematisch zusammengefasst (z. B. Borg & Mastrangelo, 2008; Brislin, 1986; Krosnick & Presser, 2010; Lietz, 2010;

Menold & Bogner, 2015). Im Kern beschreibt das CAPS-Modell, dass Fragen oder Statements verständlich, handlungsorientiert, eindeutig und einfach sein müssen (siehe Tabelle 11).

Tabelle 11: Formulierung von MAB-Items nach dem CAPS-Modell

Formulierungsregel: Items sollten …	Beispiel
Comprehension (Verständlichkeit)	
1. die Sprache der Organisation verwenden	„In meinem Arbeitsbereich" oder „In meinem Team" [Was ist üblich in dieser Organisation?] *Empfehlung:* Begrifflichkeiten zu bestimmten Initiativen, Programmen oder sonstige organisationsspezifische Fachbegriffe sollten nur dann verwendet werden, wenn sie allen Mitarbeitenden bekannt sind oder über Filterführungen im Fragebogen umgesetzt werden (Borg, 2003).
2. keine Metaphern oder Sprichwörter enthalten	Nicht: „In unserem Team ziehen alle am gleichen Strang." Besser: „In unserem Team verfolgen wir dieselben Ziele."
3. keine Fachtermini enthalten	Nicht: „Ich empfinde psychologische Sicherheit in meinem Team." Besser: „In meinem Team kann ich Fehler offen ansprechen."
4. eine Einschätzung durch die Teilnehmenden ermöglichen	Nicht: „Die Ausgaben des Vorstandes sind zu hoch." Besser: „In unserem Arbeitsbereich wird an den richtigen Stellen investiert."
Actionability (Handlungsorientierung)	
5. einen Verhaltensbezug herstellen	Nicht: „Die Veränderungsprozesse gefallen mir ganz und gar nicht." Besser: „Ich kann mich aktiv an Veränderungsprozessen beteiligen." *Empfehlung:* Eher konkrete Handlungsabsichten als allgemeine Affekte erfragen (Borg, 2003).
6. Verallgemeinerungen vermeiden	Nicht: „Das Management informiert mich stets über wesentliche Dinge." Besser: „Bezüglich des Veränderungsprozesses XY hat mich das Management in den letzten 6 Monaten ausreichend informiert."
7. nicht manipulativ oder suggestiv formuliert sein	Nicht: „Ich nehme an den guten Maßnahmen des Gesundheitsmanagements teil." Besser: „Ich nehme an den Maßnahmen des Gesundheitsmanagements teil."
8. aktiv anstelle von passiv formuliert sein	Nicht: „Die Arbeitsabläufe werden durch meine Führungskraft gut koordiniert." Besser: „Meine Führungskraft koordiniert Arbeitsabläufe gut."
Precision (Eindeutigkeit)	
9. nur einen Sachverhalt thematisieren	Nicht: „Ich erhalte wichtige Informationen, die meinen Arbeitsplatz und die Organisation betreffen, rechtzeitig." Besser: „Ich erhalte wichtige Informationen, die meinen Arbeitsplatz betreffen, rechtzeitig."

Tabelle 11: Fortsetzung

Formulierungsregel: Items sollten …	Beispiel
10. konkret formuliert sein (nicht zu abstrakt)	Nicht: „Meine Führungskraft ist ansprechbar.“ Besser: „Meine Führungskraft vereinbart klare Ziele mit mir.“
11. eine klare Bezugsebene aufweisen	Nicht: „Neue Ideen werden offen diskutiert.“ Besser: „In meinem Team werden neue Ideen offen diskutiert.“
12. nicht wiederholt werden	Vermeidung von inhaltlicher Dopplung – auch in der Funktion als „Kontrollitems“ in MABs
Simplicity (Einfachheit)	
13. möglichst kurz und kompakt sein	Nicht: „Auch in schwierigen Zeiten schafft es meine Führungskraft, dass wir im Team gut zusammenarbeiten und uns gegenseitig unterstützen.“ Besser: „Meine Führungskraft schafft Zusammenhalt auch in schwierigen Zeiten.“ *Empfehlungen* variieren hierbei zwischen 16 Wörtern (Brislin, 1986) und 25 Wörtern (Edwards et al., 1997).
14. eine einfache Satzstruktur aufweisen	Nicht: „Ich würde die Möglichkeiten des Homeoffice gerne nutzen, wenn meine technische Ausstattung dies erlauben würde.“ Besser: „Meine technische Ausstattung erlaubt mir die Arbeit im Homeoffice.“
15. keine Negation enthalten	Nicht: „Mit meinem Job bin ich nicht zufrieden.“ Besser: „Mit meinem Job bin ich zufrieden.“ *Relevante Zusatzinfo:* Für die Verwendung von negativ formulierten Items im Wechsel mit positiv formulierten Items spricht die Reduzierung von Antworttendenzen (Bergstrom & Lunz, 1998; Hinkin, 1998). Demgegenüber steht das Problem der reduzierten Datenqualität, der Methodenverzerrung sowie der erhöhten zeitlichen und kognitiven Anstrengung bei den Teilnehmenden (z. B. DiStefano & Motl, 2006; Krosnick & Presser, 2010; Lietz, 2010; Borg & Mastrangelo, 2008).
16. keine doppelte Verneinung aufweisen	Nicht: „Ich bin unzufrieden damit, dass ich meine Kenntnisse bei meiner Arbeit nicht einbringen kann.“ Besser: „Ich kann meine Kenntnisse bei meiner Arbeit gut einbringen.“

Die beiliegende Karte „Gute Gestaltung von Items“ fasst die Empfehlungen zur Itemformulierung nochmal übersichtsartig zusammen. Neben den bisherigen Ausführungen zur Wahl des Itemformates und der Konstruktion der Fragen bzw. Statements bezieht sich der dritte zentrale Aspekt im Kontext der Konstruktion des Fragebogens auf die *Gestaltung der Antwortkategorien*. Die zentralen Themen in diesem Zusammenhang sind die Wahl der Anzahl der Antwortkategorien, die Etikettierung und Ausrichtung der Antwortskala, die Nutzung einer mittleren Antwortkategorie sowie die Verwendung von „Keine Angabe“-Kategorien. Tabelle 12 gibt einen Überblick über die wichtigsten Empfehlungen, benennt zentrale Gründe hierfür und vertiefende Referenzen.

Tabelle 12: Formale Gestaltungsentscheidungen bei der Erstellung des MAB-Fragebogens

Thema	Möglichkeiten	Empfehlung	Gründe	Literatur
Anzahl der Antwortkategorien	• Ja-/Nein-Skala • 3er- bis 11er-Ratingskalen	mittlere Anzahl von Antwortkategorien (5er- bis 7er-Ratingskala)	• angemessener Differenzierungs- und Informationsgehalt • zumutbarer Aufwand und Anstrengung • zumutbare Differenzierungsfähigkeit/angemessene Informationsverarbeitung seitens des Ausfüllenden • klar abgrenzbare und äquidistante verbale Labels möglich • angemessene Reliabilität und Validität • Vergleichbarkeit mit Benchmark-Daten	Borg & Mastrangelo (2008); Frieg & Hossiep (2018); Krosnick & Presser (2010); Lozano et al. (2008); Revilla et al. (2014); Weijters et al. (2010); Weng (2004)
Etikettierung (Bezeichnung der Skalenpunkte) und Ausrichtung der Antwortskala	• verbale und/oder numerische Etikettierung • horizontale/vertikale Ausrichtung der Antwortskala	verbale Etikettierung und horizontale Anordnung der Antwortskala	*Etikettierung:* • einheitliches Verständnis der Skalenpunkte • vereinfachte Interpretierbarkeit der erhaltenen Werte • reduzierter kognitiver Aufwand • erhöhte Reliabilität und Validität *Anordnung:* • reduzierte Wahrscheinlichkeit von Primacy-Effekten	Borg & Mastrangelo (2008); Krosnick & Presser (2010); Menold & Bogner (2015)
Nutzung mittlerer Antwortkategorien	• Vorhandensein/Weglassen einer mittleren Antwortkategorie	Verwendung einer mittleren Antwortkategorie	• Abbildung von tatsächlich vorliegenden mittleren Antwortausprägungen möglich • „Matching“ von tatsächlicher Einstellung und Antwortskala • potenziell höhere Akzeptanz und Datenqualität durch nicht vorliegenden „Zwang“ zu gerichteter Einschätzung • „teils-teils“-Ergebnisse als guter Anlass zur tieferen Exploration im Folgeprozess	Borg & Mastrangelo (2008); Krosnick & Presser (2010); O'Muircheartaigh et al. (2000); Tourangeau et al. (2000)
„Keine Angabe“-Kategorien	• Vorhandensein/Weglassen einer „Keine Angabe“-Kategorie	Verwendung einer „Keine Angabe“-Kategorie	• reduzierte Gefahr der Auswahl der mittleren Antwortkategorie • weniger Generierung unechter Einstellungen bei fehlender Meinung und dadurch bessere Interpretierbarkeit der Mittelkategorie und erhöhte Datenqualität • gesenkter Druck der Item-Beantwortung und symbolische Verdeutlichung der Freiwilligkeit der Befragung • Häufung von „Keine Angabe“-Antworten als wertvoller Hinweis für Agenda-Setting und Dialog im Folgeprozess	Krosnick et al. (2002); Kulas et al. (2008)

Übergreifende Gestaltungsaspekte des Fragebogens umfassen insbesondere die Länge des Gesamtfragebogens und die Anordnung der Fragen innerhalb des Fragebogens.

Die *Länge des Fragebogens* ist in vielerlei Hinsicht eine sehr kritische Frage. Zum einen ist die Länge des Fragebogens mit der Anzahl der Themen assoziiert, die innerhalb der MAB abgedeckt werden können, und auch mit der Tiefe ihrer Adressierung. Zum anderen wird in manchen Studien die Länge des Fragebogens mit der Teilnahmebereitschaft, der Abbruchrate, aber auch der Qualität der Daten assoziiert (z.B. Cook et al., 2000; Galesic & Bosnjak, 2009). Die Fragebogenlänge ist letztlich das Resultat einer Abwägung zwischen dem Aufwand der Teilnahme und der Erwartung des Nutzens, der mit der Befragung verbunden wird. Smith (2014) nennt allgemein drei Faktoren, die die Länge eines Fragebogens bestimmen sollten: (1) die praktischen Zeiteinschränkungen, (2) die Komplexität des Inhalts und (3) das Interesse seitens der Befragten.

Ein zu kurzer Fragebogen im Kontext einer MAB kann eine gewisse Farce darstellen bzw. die Ernsthaftigkeit des Interesses an der Meinung der Mitarbeitenden untergraben (Smith, 2014). Berücksichtigt man aber Befunde von Galesic und Bosnjak (2009), so haben zu lange Fragebögen einen negativen Effekt auf die Datenqualität und fördern gegen Ende der Befragung schnelleres und nachlässigeres Antworten (Ermüdungseffekt, Ja-Sage-Tendenz). Zudem bedeutet das Ausfüllen der Befragung, insbesondere dann, wenn es innerhalb der Arbeitszeit passiert, einen gewissen Ressourcenaufwand seitens der Organisation, der nicht zu unterschätzen ist.

Als guter Kompromiss zwischen Länge und Differenzierungsgrad ist eine Länge zwischen 40 und 60 Fragen zu empfehlen (vgl. Empfehlungen von Domsch & Ladwig, 2013: 60 Fragen oder von Borg, 2015: ca. 50 bis 60 Items). Das Ausfüllen dauert somit in der Regel zwischen 15 und 25 Minuten (vgl. Empfehlungen von Borg, 2015: max. 30-minütige Dauer sowie Berichte von Frieg & Hossiep, 2018: durchschnittlich 15- bis 20-minütige/max. 45-minütige Dauer).

Zur *Anordnung der Fragen im Fragebogen* ist es ratsam, die Fragen in thematischen Blöcken zu gruppieren. Zum einen entspricht die Darstellung in Blöcken einer natürlichen Gesprächssituation, in der ein Thema behandelt wird, bevor man zu einem anderen Thema wechselt. Ferner erhöht die Darstellung in thematischen Blöcken die Tiefe der Verarbeitung und die gedankliche Auseinandersetzung mit den Themen. Sie fördert damit das Zusammenspiel von der Bewertung spezifischer Inhalte und abstrakteren zusammenfassenden Bewertungen (Krosnick & Presser, 2010).

Darauf aufbauend stellt sich die Frage nach der Anordnung der Themengebiete innerhalb des Fragebogens. Hierzu gibt es keine spezifischen Empfehlungen, da die Inhalte der Fragebögen sehr unterschiedlich sein können. Generell ist es aber so, dass für die Teilnehmenden interessante Inhalte zu Beginn des Fragebogens präsentiert werden sollten. Einstiegsfragen sollten angenehm und einfach sein und eine Art Beziehung (Krosnick & Presser, 2010) zwischen Mitarbeitenden und der Organisation schaffen. Dies hat zum einen die direkte Implikation, dass Angaben zur Person, falls diese innerhalb des Fragebogens erfasst werden (siehe Abschnitt 4.2.1), am Ende des Fragebogens präsentiert werden sollten (Krosnick & Presser, 2010; Lietz, 2010). Diese sind zum einen für die Teilnehmenden nicht sonderlich spannend, weil sie keinen Bezug zum Interesse an den Meinungen und Einschätzungen der Mitarbeitenden darstellen. Ferner sind demografische Fragen auch in Bezug auf die Anonymitätswahrnehmung eher kritische Fragen und somit kein guter Einstieg zur Befragung (s. Mueller et al., 2014).

In Bezug auf die Anordnung der inhaltlichen Blöcke empfiehlt sich die generelle Orientierung an zugrundeliegenden theoretischen Modellen. Es bietet sich an, mit arbeitsplatznahen Themen (z. B. Arbeitsplatzausstattung, Handlungsspielräume am Arbeitsplatz) zu beginnen, da diese für die Mitarbeitenden im täglichen Erleben präsent sind (siehe auch Borg, 2015). Von diesen konkreten Themen kann der Fragebogen dann thematisch zu abstrakteren Themen der Interaktion oder Organisation (z. B. Wahrnehmung der Strategie) führen. Themen, die eher eine Art „Selbstauskunft“ über persönliche Zustände darstellen (z. B. Verbundenheit zur Organisation, Engagement) sollten eher gegen Ende des Fragebogens erfasst werden, genauso wie die bereits genannten Angaben zur eigenen Person (z. B. Geschlecht, Zugehörigkeit zu Organisationseinheiten).

4.1.3 Information, Kommunikation und Befähigung

Grundsätze

Die kommunikative Einbettung der MAB in die Organisation spielt für den Erfolg der MAB eine zentrale Rolle. So müssen die Mitarbeitenden in der gesamten Organisation für die MAB mobilisiert und orientiert werden. Zudem stößt die MAB Prozesse an, die häufig als Zusatz zum sowieso schon vollen Arbeitsalltag gesehen werden. Entsprechend sollte die Information und Kommunikation im Rahmen der MAB so früh wie möglich und in leicht verständlicher Form erfolgen, um die Organisation bestmöglich vorzubereiten. Zudem sollte die Information und Kommunikation zur MAB die verschiedenen Phasen der MAB (siehe Abschnitt 4.1.1) kontinuierlich und zielgerichtet begleiten. Nach Church und Waclawski (2017) gilt es dabei, auf der einen Seite in ausreichendem Maße zu kommunizieren, um Ängste und Unklarheiten in Bezug auf die MAB auszuräumen, die Organisation gleichzeitig aber auch nicht mit einer übermäßigen Informationsflut zu belasten (siehe Abbildung 10). Um diese Balance zu finden, müssen die jeweils kommunizierten Inhalte und Detailgrade in den verschiedenen Phasen der MAB wohlüberlegt sein.

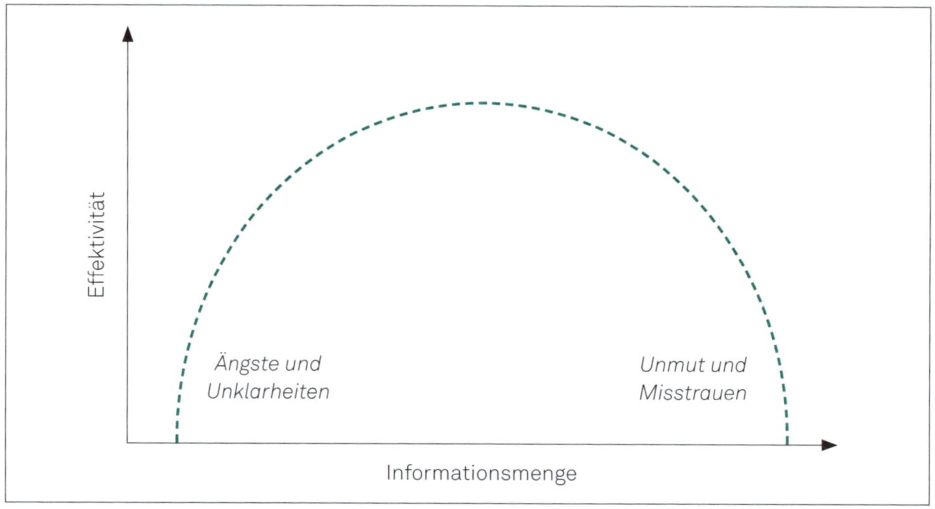

Abbildung 10: Informationsmenge und Effektivität in einer MAB (nach Church & Waclawski, 2017)

Neben den bestehenden Informationspflichten im Zusammenhang der Mitbestimmung der Mitarbeitendenvertretung und des Datenschutzes (siehe Abschnitt 4.1.1), zielt die Information und Kommunikation vor allem auf eine Motivations- und Akzeptanzsteigerung in Bezug auf die MAB ab. Entsprechend dieser generellen Zielstellung wurde der Begriff des *MAB-Marketings* eingeführt, um zu verdeutlichen, dass für die Information und Kommunikation im Rahmen der MAB auf bestehende Marketingtechniken – insbesondere das Dienstleistungsmarketing – zurückgegriffen werden kann und ähnlich dem generellen Marketing eine Orientierung an den Erfordernissen der internen Interessengruppen stattfinden muss (Müller & Straatmann, 2007). Aufgrund des hohen Stellenwerts der Kommunikation für den Gesamtprozess der MAB empfiehlt es sich, frühzeitig auf Expert_innen aus Marketing- und Kommunikationsabteilungen zurückzugreifen und diese aktiv an der Ausgestaltung und Durchführung kommunikativer Maßnahmen zu beteiligen.

Um die Organisation gut auf die MAB vorzubereiten, empfiehlt es sich, ein systematisches *Informations- und Kommunikationskonzept* zu gestalten. Angelehnt an das CPR-Modell (Content – Processes – Roles) von Church und Waclawski (2017) gilt es dabei, die Inhalte, die Rollen und den Prozess der Kommunikation zu spezifizieren. Für die praktische Umsetzung empfiehlt es sich, wie im CATCH-Modell (Content – Actor – Target – Channel – Heartbeat) dargestellt, die Rollen nach Akteur_innen und Zielgruppe sowie den Prozess nach Kanal und Zeitpunkt weiter zu differenzieren (siehe Abbildung 11 und das Fallbeispiel in Abschnitt 5.1.2).

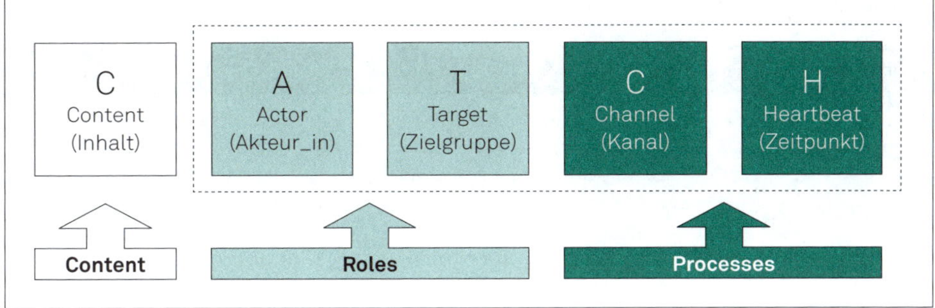

Abbildung 11: CATCH-Modell auf Basis des CPR-Modells von Church und Waclawski (2017)

Unter Berücksichtigung des Projektcharakters der MAB hat es sich bewährt, das Informations- und Kommunikationskonzept phasenbezogen zu entwickeln. Klassischerweise lassen sich mit der Vorbereitungsphase, der Erhebungsphase und der Folgephase drei wesentliche Abschnitte unterscheiden (vgl. Borg, 2015; Kador & Armstrong, 2010; Müller, Bungard et al., 2007).

Inhalte

Tabelle 13 gibt einen Überblick über die wichtigsten Inhalte, die in den verschiedenen Phasen des MAB-Prozesses transportiert werden sollen. Die beiliegende Karte „Informations- und Kommunikationskonzept: Gestaltungsvorlage" stellt eine Gestaltungsvorlage für das Informations- und Kommunikationskonzept nach dem CATCH-Modell dar.

Prozesse: Kommunikationskanäle und Zeitpunkte

Das Universum möglicher *Kommunikationskanäle* ist scheinbar unbegrenzt und dehnt sich durch neue Entwicklungen zunehmend weiter aus. Für eine grobe Einteilung lassen sich push-orientierte und dialog-orientierte Formate unterscheiden. Die push-orientierten Formate gehen dabei von einem aktiven Sendenden aus und sollen Informationen häufig im Sinne einer einseitigen Kommunikation zum Empfangenden transportieren. Die dialog-orientierten Formate sind dadurch gekennzeichnet, dass sie zum einen direkt auf einen Dialog und zweiseitigen Informationsaustausch ausgerichtet sind und zum anderen Informationen bereithalten, die bei Bedarf nachgefragt und aktiv abgerufen werden können. Zudem unterscheiden sich die Formate in dem Grad, in dem sie speziell für die MAB entwickelt werden oder eher auf häufig bereits verfügbaren Kanälen aufbauen (siehe Abbildung 12).

Tabelle 13: Phasen der MAB mit Beispielen für Inhalte und Kanäle der Kommunikation

	Inhalte (Content)	Kanal (Channel)
1) Vorbereitungsphase	• Gründe und Ziele der MAB vermitteln • Nutzen für Organisation deutlich machen • Positionierung durch Leitspruch • Vorgehen, Zeitraum, Rollen und Regeln kommunizieren • Unterstützung der MAB durch Leitungsebene und Mitarbeitendenvertretung • Verdeutlichung von Informationen zu Anonymität, Freiwilligkeit und Datenschutz • an Erkenntnisse und Maßnahmen aus zurückliegenden MABs anknüpfen	• Ankündigung per E-Mail/Brief • Abteilungsbesprechung • Ankündigung im Intranet • Aushang/Plakate • Videos • Flyer/Broschüren • Bericht Mitarbeitendenzeitung
2) Erhebungsphase	• aktive Erinnerung an die MAB • Wichtigkeit der Teilnahme verdeutlichen • Anonymität und Freiwilligkeit erneut betonen • Hinweis auf Umgang mit Daten (EU-DSGVO) • aktives Rücklauf-Monitoring • Ausblick auf weitere Prozesse	• Anschreiben zum Fragebogen • Nachfassaktion per Brief/E-Mail • Nutzung regulärer Meetings zur Erinnerung und für Nachfragen • Informationen im Intranet mit FAQ • Befragungshotline • Roadshow

3) Folgephase	• Anerkennung für Teilnahme durch Dank an Mitarbeitende und Führungskräfte zeigen
	• geplantes Vorgehen für die Folgephase aufzeigen
	  – Zeiträume für Workshops und Maßnahmenableitung festlegen
	  – Rollen und Prozessschritte kommunizieren
	• deutlich machen, in welcher Form Controlling und Evaluation der Folgephase erfolgen soll
	• Ergebnisse
	  – erste Stellungnahme der Leitungsebene
	  – Aufzeigen von Veränderungen zu vorheriger MAB
	  – übergreifende Handlungsfelder herausstellen
		• Führungskräfte-Workshops
		• Veranstaltungen mit den Mitarbeitenden
		• Artikel in der Mitarbeitendenzeitung
		• Veröffentlichung der Ergebnisse im Intranet
		• Aushänge
		• Datenbank mit Veränderungen
		• „Best Practice"- Videos

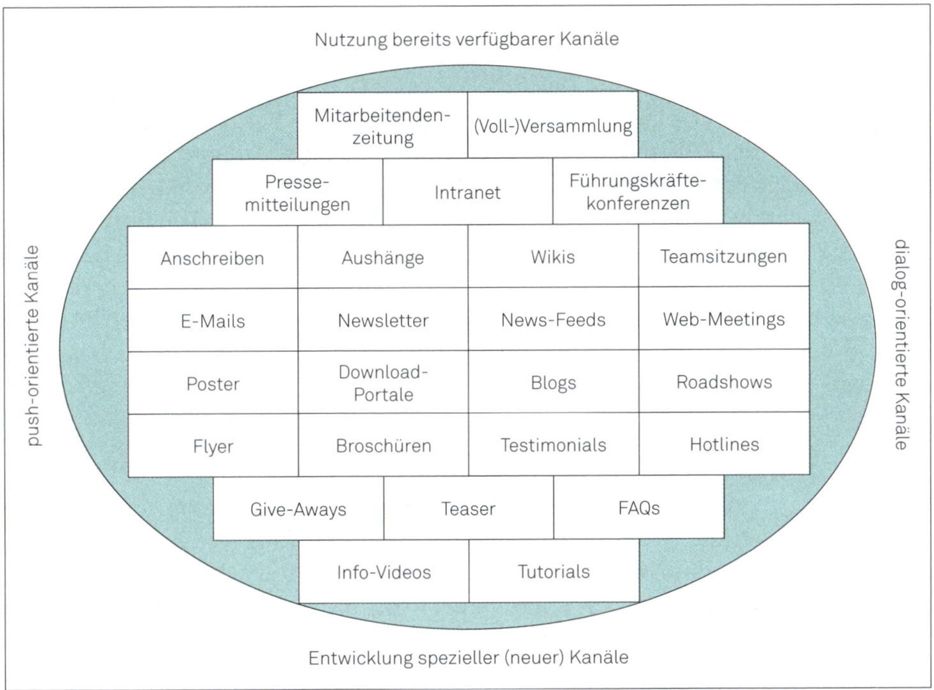

Abbildung 12: Kommunikationskanäle und Medien (in Anlehnung an Müller & Straatmann, 2007)

Unabhängig von diesen Dimensionen lassen sich allgemeine *Anforderungen an die Medien* stellen (vgl. Müller & Straatmann, 2007). So müssen die Medien Informationen in ausreichendem Maße vermitteln, Interesse wecken, den Stellenwert der MAB in der Organisation transportieren sowie an die Organisation und die Kultur angepasst sein. Generell empfiehlt es sich, in der Auswahl der Kommunikationsmedien auf organisationale und interkulturelle Besonderheiten zu achten (Wiley, 2010). So mögen beispielsweise „I voted"-Broschen in den USA passend, in anderen Ländern jedoch weniger treffend wirken (Müller & Straatmann, 2007). Insbesondere bei multinationalen Befragungen ist es sinnvoll, die Kommunikationskanäle und -materialien mit den lokalen Koordinator_innen zu besprechen und neben zentralen Vorgaben einen Spielraum für lokale Anpassungen und Ideen zu geben.

Wie schon bei den Grundsätzen erwähnt, ist es wichtig, dass sich das Informations- und Kommunikationskonzept nicht auf das Marketing im Vorfeld der Befragung beschränkt. Im Sinne eines Herzschlags sollte die Kommunikation *kontinuierlich* immer wieder in jeder Phase der MAB erfolgen, mit dem Ziel, Verständnis, Vertrauen und Akzeptanz für die MAB aufzubauen (Wiley, 2010).

Befähigung

Wie bereits dargestellt, hängt der Erfolg einer MAB in besonderem Maße auch davon ab, wie die einzelnen Stakeholder ihre Rollen und Verantwortlichkeiten erfüllen und damit aktiv in den Prozess eingebunden sind. Entsprechend stellt die Befähigung der Beteiligten insbesondere für den Folgeprozess der MAB (siehe Abschnitt 4.3) einen zentralen Erfolgsfaktor der MAB dar (Borg, 2015; Borg & Mastrangelo, 2008). Die grundlegende Befähigung kann dabei im Rahmen der regulären Personal- und Führungskräfteentwicklung und -auswahl erfolgen, um den Stellenwert der MAB und des Umgangs mit Feedback in der Organisation im Sinne einer lernenden Organisation und der Lern- und Feedbackkultur deutlich hervorzuheben.

Die strategische Einbettung und Entwicklung des Befähigungskonzeptes im Rahmen der MAB ist dabei neben der Entwicklung eines Informations- und Kommunikationskonzeptes als Aufgabe für die Steuerungs- bzw. Projektgruppe von besonderer Bedeutung. Grundsätzliche Fragen betreffen dabei die Zielgruppen der Befähigung („Wer muss befähigt werden?"), die Inhalte des Konzeptes („Was sind die Inhalte der Befähigungsmaßnahmen?") sowie die Formate der Befähigung („Auf welche Weise soll die Befähigung erfolgen?").

Mit Rückbezug auf die Projektsteuerung sowie die verschiedenen Rollen und Akteur_innen im Rahmen einer MAB sind für die Festlegung der *Zielgruppe* zunächst die MAB-Bereichskoordinator_innen und Mitglieder der Projektgruppe in den Blick zu nehmen. Darüber hinaus ist die Befähigung der Führungskräfte für das Wahrnehmen ihrer Rolle von besonderer Bedeutung (Jöns, 2007). Da Führungskräfte im Rahmen der MAB sowohl als Vorbilder agieren als auch aktiv den Folgeprozess steuern und nachverfolgen, sollte diese Zielgruppe mit spezifischen Maßnahmen adressiert und auf ihre Rolle vorbereitet werden (vgl. hierzu auch das Fallbeispiel in Abschnitt 5.3.1). Werden im Rahmen des Folgeprozesses einer MAB Multiplikator_innen oder interne Moderator_innen zur Moderation von Rückmelde- oder Ergebnis-Workshops eingesetzt, so sollte auch diese Zielgruppe im Befähigungskonzept besonders berücksichtigt und spezifische Angebote für die Unterstützung ihrer Aufgabe, z. B. Moderationstechniken, Umgang mit schwierigen Gesprächssituationen im Workshop, entwickelt werden.

Die *Inhalte* der Befähigungsmaßnahmen richten sich nach den Bedürfnissen der einzelnen Zielgruppen. Entsprechend gestaltet sich dann auch der Umfang der Maßnahmen (siehe Abbildung 13). Der Fokus von Maßnahmen der Information liegt insbesondere auf der Vermittlung von Wissen zu Rahmenbedingungen der MAB, zum Aufbau und Inhalt des Ergebnisberichtes und zum konkreten Ablauf des Folgeprozesses. Liegt der Schwerpunkt der Maßnahme etwas umfassender auf Fragen der Beratung, so stehen als Inhalte darüber hinaus das Vorgehen bei der Ergebnisrückmeldung sowie Unterlagen und Tipps zur Vorbereitung und

Durchführung von Workshops auf der Agenda. Um zusätzlich auch Fragen der Motivation in den Befähigungsmaßnahmen zu berücksichtigen, sollte als Inhalt außerdem das Verständnis einer MAB als (Organisations-)Entwicklungsinstrument thematisiert werden. Führungskräfte sollten für ihre besondere Rolle und Aufgaben im Folgeprozess sensibilisiert werden. Auch die Chancen und Herausforderungen der durch die MAB angestoßenen offenen Feedbackkultur sollten thematisiert und diskutiert werden. Im umfassendsten Sinne der Befähigung ergeben sich schließlich weitere Inhalte, die die konkrete Durchführung von Workshops im Rahmen des Folgeprozesses betreffen. Dazu gehören die Vermittlung von Moderationstechniken, die Vorbereitung auf typische Situationen und Herausforderungen im Workshop, die Planung der Gestaltung des individuellen Folgeprozesses sowie die Entwicklung individuell passender Dokumentations- und Controllinginstrumente.

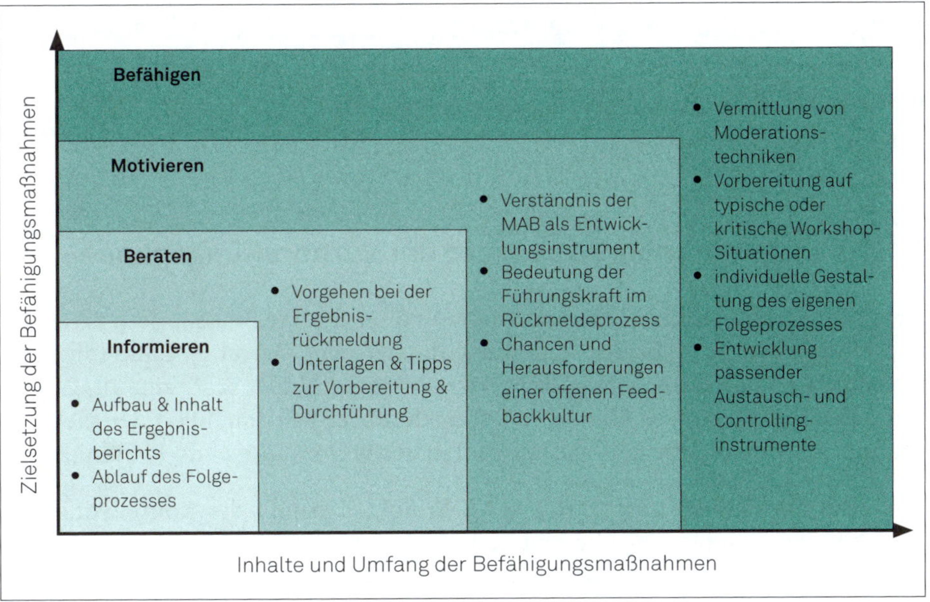

Abbildung 13: Zielsetzung, Inhalt und Umfang von Befähigungsmaßnahmen

Aus den oben geschilderten Überlegungen zu Zielgruppen und Inhalten ergeben sich natürlicherweise auch die Anforderungen für unterschiedliche *Formate* der Befähigung im Rahmen einer MAB. Grundsätzlich lassen sich die Formate darin unterscheiden, ob sie den Fokus entweder auf eine größere Reichweite des Angebotes oder auf eine stärkere Berücksichtigung individueller Bedürfnisse legen (siehe Abbildung 14).

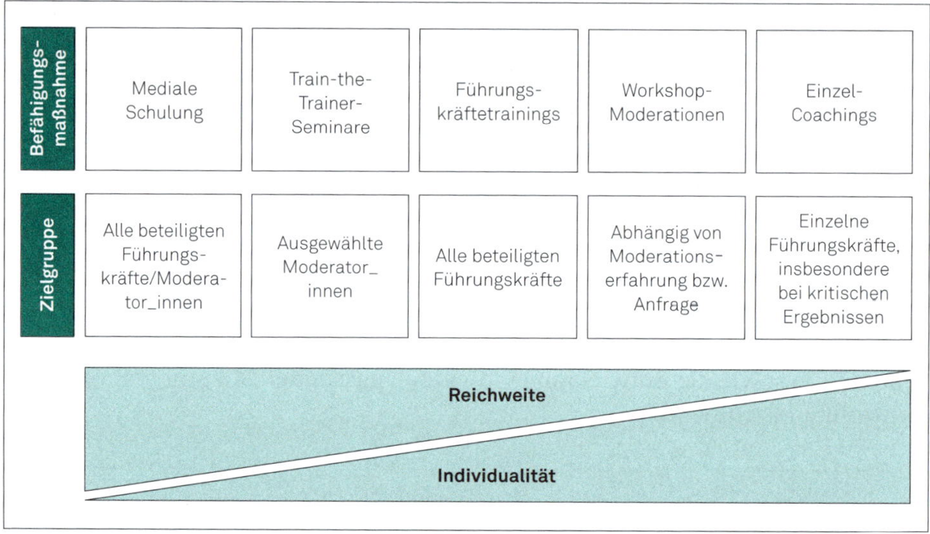

Abbildung 14: Reichweite und Individualität verschiedener Befähigungsmaßnahmen

4.1.4 Internationale Aspekte in der Vorbereitungsphase

Gerade für multinationale Organisationen bietet die MAB besondere Chancen und Möglichkeiten. So ist die MAB ein wirkungsvolles Instrument, um mit einer global verteilten Belegschaft in Kontakt zu bleiben (Müller & Reinmuth, 2005). Wird eine MAB im multinationalen Setting durchgeführt, hat dies einen vielfältigen Einfluss auf unterschiedlichste Aspekte der Vorbereitung und Planung.

Eine multinationale Struktur des MAB-Projektes erhöht die Komplexität des Projektmanagements. Dies betrifft vielfältige Aspekte von *sprachlichen Herausforderungen*. Ist die Firmensprache Englisch und kann ein entsprechendes Englisch-Niveau bei den Mitarbeitenden angenommen werden (da es ggf. Teil der Einstellungskriterien ist), kann eine Befragung auf Englisch zu vergleichbaren Ergebnissen wie eine Befragung in der Landessprache führen (Müller, Hattrup et al., 2011). Jedoch gibt es hier, insbesondere in Bezug auf das Verständnis des Fragebogens im gewerblichen Bereich, häufig Bedenken. Aus diesem Grund wird auch in entsprechenden Organisationen häufig eine Entscheidung für verschiedene Sprachvarianten bei der Befragung getroffen. Zudem wird es als Zeichen der Wertschätzung verstanden, wenn die Befragung vor Ort in der Landessprache durchgeführt wird (Bradfisch, 2012). Die Entscheidung, inwieweit auch andere Aspekte des Projektes mehrsprachig gestaltet werden, ist stark von den sonstigen Gepflogenheiten in der Organisation sowie von den verfügbaren Ressourcen abhängig. Für das Projektmanagement muss bei einer Übersetzung der mit der Mehrsprachigkeit und den Rückkopplungsschleifen verbundene Aufwand sowohl im zeitlichen als auch im finanziellen Budget mit eingeplant werden.

Für alle Phasen des Projektes der MAB ist entscheidend, die Multinationalität im erweiterten Projektteam abzubilden und für die einzelnen Länder spezifische *Länderkoordinator_innen* zu bestimmen (Bungard, Müller et al., 2007). Bei hoher Komplexität der Organisationsstruktur innerhalb des Landes ist es ratsam, diese Struktur um die Ebene der Standortkoordinator_innen zu erweitern. Unabhängig von den sprachlichen und operativen Herausforderungen ist es wichtig, die strategische Zieldefinition mit verschiedenen Länderniederlassungen abzustimmen (Fenlason & Suckow-Zimberg, 2006). In diesem Kontext muss auch die Frage geklärt werden, ob länderspezifische Anpassungen oder Ergänzungen des Fragebogens vorgenommen werden sollen. Länderkoordinator_innen geben hier Input in Bezug auf lokale und kulturelle Besonderheiten (Müller, Bungard et al., 2007; Müller & Metzger, 2010).

Eine enge Kooperation und entsprechende Organisation zwischen zentralen und landesspezifischen Projektstrukturen ist ein entscheidendes Erfolgskriterium einer *multinationalen MAB* (Fenlason & Suckow-Zimberg, 2006). Die enge Abstimmung erlaubt es, in der Zeitplanung (z. B. Ferienzeiten, lokale Feiertage, lokale Phasen mit hoher Arbeitsbelastung) und der Durchführung (z. B. Zugang zu Computern, Organisation des Ausfüllens) die lokalen Spezifika zu beachten sowie rechtliche Besonderheiten (z. B. Mitbestimmung) zu klären (Johnson, 1996). Ebenso sind der Unterstützungsbedarf lokaler Manager_innen und die Nachverfolgung von Follow-up-Maßnahmen durch die lokalen Länderkoordinator_innen zu organisieren. Hierzu ist es ratsam, zentrale Dokumente und Befähigungsmaterialien vorzubereiten und gegebenenfalls zu übersetzen. Die Inhalte sollten mit den lokalen Koordinator_innen abgestimmt werden und es sollte die Freiheit bestehen, diese Inhalte spezifisch anzupassen und lokal zu adaptieren. Gerade in global verteilten Organisationen spielen hierbei auch zunehmend digitale Formen (z. B. Educasts, Tutorials) in der Vorbereitung der Führungskräfte eine Rolle.

Eine in der Vorbereitung der multinationalen MAB häufig gestellte Frage ist die Frage nach der Anwendbarkeit bzw. *Transferierbarkeit des Befragungsinstrumentes* über die verschiedenen Kulturen. Hierbei geht es nicht nur um Fragen der adäquaten Übersetzung, sondern auch um die inhaltliche Bedeutung und Relevanz der Fragen. In der Tat stellt der internationale Einsatz von MABs besondere Anforderungen an die Gestaltung des Befragungsinstrumentes. Die multinationale Anwendbarkeit, Angemessenheit, Verständlichkeit oder Sinnhaftigkeit eines Fragebogens ist nicht ohne Weiteres anzunehmen (Ryan et al., 1999). Hierbei gilt es eine Reihe von kulturellen Einflussfaktoren zu berücksichtigen, welche die internationale Anwendbarkeit eines Befragungsinstrumentes gefährden bzw. einschränken können (siehe auch Boer et al., 2018; van de Vijver & Leung, 1997). Tabelle 14 gibt einen Überblick über die wichtigsten Quellen der Verzerrung bei multinationalen Befragungen.

Tabelle 14: Quellen der Verzerrung bei multinationalen Befragungen

	Ursache	Auswirkungen	Beispiel	Literatur
Konstruktbias	• inhaltlich unterschiedliche Bedeutung und Konzeption eines Konstruktes/Themas • mit dem Konstrukt/Thema assoziierte Merkmale unterscheiden sich über verschiedene Kulturen hinweg	• spezifische, in einem Kulturkreis besonders relevante Aspekte eines Konstrukts werden nicht in der Erfassung berücksichtigt • Fragen ergeben in manchen Kulturen in Bezug auf ein bestimmtes Konstrukt bzw. Themengebiet keinen Sinn	• Frage nach Zufriedenheit mit sozialen Zusatzleistungen, wenn diese in einem bestimmten Land nicht existieren	van de Vijver & Poortinga (1997)
Methodenbias	• Adminstrationsbias: unterschiedliche Akzeptanz der Erhebungsmethode, z. B. unterschiedliche Bedingungen in der Befragungssituation • Instrumentenbias: unterschiedliche Akzeptanz von Befragungstechnologien oder -formaten zwischen den Kulturen	• Verzerrungen der Antworten • Förderung bestimmter Antworttendenzen	• Ausfüllen am eigenen Arbeitsplatz vs. kollektive Organisation des Ausfüllens • Online-Erhebung/Apps werden unterschiedlich akzeptiert	Boer et al. (2018); Müller & Reinmuth (2005); van de Vijver & Poortinga (1997)
Itembias	• Untauglichkeit einzelner Fragen, z. B. schlechte Übersetzung oder unangemessene Itemformulierung (hohe Komplexität) • Aktivierung kulturspezifischer Konnotationen oder Assoziationen	• Fehlinterpretationen oder Missverständnisse • Verzerrungen der Antworten und kulturell bedingten unterschiedlichen Zustimmungswerten	• gesellschaftliche Debatte um den Begriff des Stolzes bei Fragen, die „stolz" im Deutschen und „proud" im Englischen enthalten	Boer et al. (2018); van de Vijver & Leung (1997); van de Vijver & Poortinga (1997)

Für die Praxis lässt sich aus existierenden Studien trotz gemischter Befundlage die übergreifende Schlussfolgerung ableiten, dass die typischen, in einer MAB erfassten Themen wie z. B. Arbeitszufriedenheit oder Commitment bei guter Konstruktion durchaus interkulturell transferierbar und anwendbar sind. Diese generelle Schlussfolgerung sollte aber mit Vorsicht gesehen werden und mindestens durch bestimmte Maßnahmen bzw. weiterführende Überlegungen qualifiziert werden. Tabelle 15 gibt einen Überblick über entsprechende Maßnahmen.

Tabelle 15: Maßnahmen in der Vorbereitung internationaler Befragungen

Maßnahme	Beschreibung	Literatur
Länderspezifische Fragen	Die Inhalte sind global anwendbar und spezifische Aspekte auf regionaler und nationaler Ebene werden bei der Konstruktion der Befragung berücksichtigt.	Borg & Mastrangelo (2008)
Berücksichtigung von Konstruktionsgrundsätzen	Die Konstruktionsgrundsätze von Fragen und Befragungen werden beachtet, v. a. werden Metaphern und umgangssprachliche Ausdrücke sowie passive Satzkonstruktionen vermieden.	Brislin (1986); van de Vijver & Leung (1997)
Qualitätssicherung der Übersetzungen	Inhaltlich sinnäquivalente Übersetzungen werden einer wörtlichen Übersetzung vorgezogen. Außerdem wird die Einfachheit des Verständnisses und der natürliche Sprachfluss bei der Übersetzung berücksichtigt. Hierzu kann das Übersetzungs-Rückübersetzungs-Verfahren angewendet werden.	Campbell et al. (1970); Müller & Reinmuth (2005); van de Vijver & Leung (1997)
Landesspezifischer statt sprachspezifischer Pretest	Die final erzeugten Sprachvarianten des Fragebogens werden in den jeweiligen Ländern in Bezug auf das inhaltliche Verständnis, die Klarheit und den Sprachfluss vorgetestet bzw. durch lokale Mitarbeitende geprüft – z. B. spanische Version in Mexiko und in Spanien.	Müller & Reinmuth (2005); Ryan et al. (1999)
Messäquivalenzprüfung zur Identifikation problematischer Inhalte und Items	Die Messäquivalenz wird im Nachgang der Befragung oder in Pilotstudien, z. B. unter Verwendung der Multi-Group Confirmatory Factor Analysis oder Item Response Theory, untersucht.	Boer et al. (2018); Drasgow & Hulin (1990); Vandenberg & Lance (2000)
Kulturelle Dezentrierung	Wiederholt problematische Inhalte oder Formulierungen werden basierend auf Erfahrungen mit der multinationalen Anwendung der Inhalte und Fragen einer MAB auch in der Ursprungsversion angepasst.	van de Vijver & Leung (1997)

4.1.5 Ausblick

Digitalisierung und Prozessintegration der MAB

Eine ausgeprägte Tendenz in der Projektkonzeption und -planung der MAB ist die zunehmende digitale Prozessintegration und das damit verbundene Zusammenspiel mit anderen IT- und Datensystemen der Organisation *(Multi-Integration)*. Die Ausprägung dieser digitalen Prozessintegration kann je nach Organisation oder Dienstleistenden unterschiedlich gestaltet sein. Das generelle Bestreben besteht darin, die verschiedenen Prozessabschnitte und die damit zusammenhängenden Instrumente sowie Tools sowohl zu digitalisieren (Projektmanagement, Teilnehmendenmanagement, Organisationsstrukturdaten, Kommunikations- und Informationsinstrumente, Fragebogen, Bericht/Dashboard, Actionpläne und Follow-up-Tracker) als auch informationstechnologisch und in Bezug auf die Struktur der Daten zu verknüpfen. Diese Verknüpfung bzw. Integration sollte nicht nur innerhalb der MAB erfolgen, sondern kann auch wichtige Schnittstellen organisationaler Informationssysteme (z. B. HR-Datenbanken, ERP-Systeme) enthalten. Dadurch kann zum einen die Durchführung der MAB konsistenter, schneller, effizienter, aber auch effektiver und störungsfreier gestaltet werden. Die Integration fördert ferner die bessere Vernetzung der Daten und deren mögliche analytische Integration im Sinne z. B. des HR-Analytics-Ansatzes.

Auch aufseiten der Nutzer_innen hat die digitale Prozessintegration potenzielle Vorteile. Im Idealfall ist die Befragung so in organisationale Prozesse integriert, dass durch ein Single-Sign-On (SSO; Pashalidis & Mitchell, 2003) Mitarbeitende in ihren Rollen als Teilnehmende Zugang zu verschiedenen organisationalen Befragungen erhalten. Führungskräfte können über die integrierte Lösung Einsicht in verschiedene Berichte zu unterschiedlichsten Befragungen erhalten und auf Basis von interaktiven Dashboards (Denton, 2012) selbstständig tiefergehende und vernetzte Analysen durchführen. Sie können ferner bei entsprechender Integration der Systeme die Daten aus Befragungen mit anderen Datenquellen in Beziehung setzen (siehe Abschnitt 4.2.2 und 4.2.4). Zusätzlich können Aspekte der Information, Befähigung und der Instrumente im Rahmen des Folgeprozesses (z. B. Action Libraries; siehe Abschnitt 4.3.2) für den/die Nutzer_in an einem Ort integriert und gebündelt werden. Die fortschreitende Digitalisierung der Kommunikation (z. B. in Form von Online-Tutorials, Educasts, Chats, Votings) und Vernetzung mit anderen Self-Service-Survey-Tools können im Rahmen der Prozessintegration genutzt und eingebunden werden und an entsprechenden Stellen die MAB-Prozesse weiter unterstützen. Die Entwicklungen gerade in diesem Bereich sind sehr vielschichtig und mit Spannung zu beobachten.

Wandel der inhaltlichen Ausrichtung der Zielkonstrukte

Übergreifend lässt sich aus der Historie der MAB ein Wandel der inhaltlichen Ausrichtung der Zielkonstrukte erkennen (siehe auch Abschnitt 2.3). Während zunächst vor allem die Arbeitszufriedenheit das zentrale Thema von MABs darstellte, verschob sich die Ausrichtung in der Folge auf die Verbundenheit (Commitment) und dann auf das Engagement der Mitarbeitenden (Borg, 2015). Ein typischer Ansatz zur Begründung dieses Wandels ist der angenommene höhere Leistungsbezug der Konstrukte (siehe Abbildung 15): Während eine zufriedene Person *wahrscheinlich* höhere Leistung bei der Arbeit bringt (geringer, nicht hinreichender Leistungsbezug), *sollte* eine Person mit einem hohen Gefühl der Verbundenheit zu ihrer Organisation (Commitment) mehr Arbeitsleistung bringen (direkterer Leistungsbezug) und eine Person, die hohes Engagement aufweist, *zeigt bereits* besondere Anstrengungen für die Organisation (direkter Leistungsbezug, da im verhaltensnahen Konstrukt enthalten).

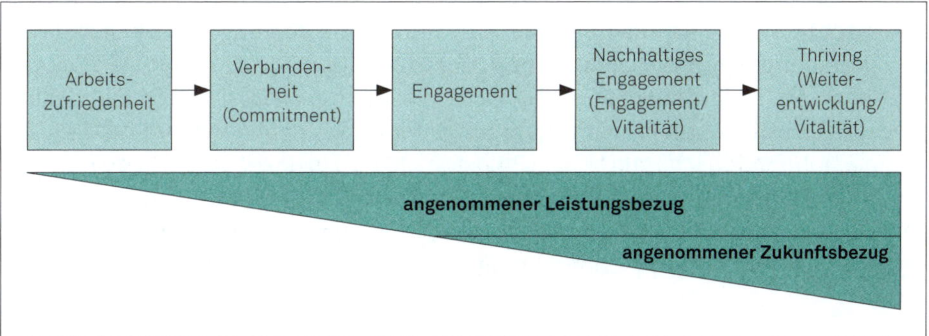

Abbildung 15: Angenommener Leistungs- und Zukunftsbezug

Ein nächster Entwicklungsschritt liegt in der Betrachtung des *nachhaltigen Engagements*. Dabei wird das Engagement in Kombination mit einer Vitalitäts-/Wohlbefindensperspektive gesetzt (vgl. MacLeod & Clarke, 2009; Müller, Schumacher et al., 2018). Während die gleichzeitig hohe Ausprägung von Engagement und Wohlbefinden nachhaltiges Engagement befördert, kann hohes Wohlbefinden bei geringem Engagement eine problematische Konstellation für die Leistungsfähigkeit einer Organisation darstellen und hohes Engagement in Kombination mit geringem Wohlbefinden zum Risikofaktor für die langfristige psychische und auch physische Gesundheit der Mitarbeitenden werden.

Vor dem Hintergrund der zunehmenden Komplexität und Dynamik der Arbeitswelt steigt zudem die Relevanz einer stetigen Erneuerungs- und Weiterentwicklungsperspektive. Entsprechend findet sich ein steigendes Interesse an Konstrukten wie dem *Employee Thriving* (Paterson et al., 2014). Employee Thriving beschreibt ein positives Wachstumserlebnis der Mitarbeitenden, das zum einen die stetige Weiterentwicklung im Sinne des Besser-Werdens in der Tätigkeit (Lernen) und gleichzeitig ein energetisches Gefühl (Vitalität) verbindet (siehe Spreitzer et al., 2005). Als Konsequenzen von Thriving werden insbesondere Effekte in Bezug auf die verbesserte Anpassungs- und Leistungsfähigkeit (Spreitzer & Porath, 2014; Walumbwa et al., 2018) und auf die Gesundheit der Beschäftigten (Porath et al., 2012) angenommen, die sich wiederum positiv auf die Organisation (höhere Performance, geringere Fehlzeiten und Gesundheitskosten) auswirken.

Neue Formen der Fragebogengestaltung, Interaktion und Formate

Die bisherige Diskussion um die *Gestaltung von Fragebögen* ist vor allem geprägt durch Aspekte der Qualität (z. B. Reliabilität, Validität, Relevanz, Aktualität) der enthaltenen Informationen. Die Motivation, abgebildet z. B. über die Teilnahmebereitschaft oder das Engagement beim Ausfüllen (z. B. Krosnick, 1991), wird hierbei indirekt betrachtet, bildet jedoch selten einen expliziten Fokus. Die neuen technologischen Möglichkeiten und deren erleichterte Umsetzung bei der Gestaltung von Befragungen fördern einen Trend, der unter den Labels Playful Design oder Gamification (Deterding et al., 2011; Keusch & Zhang, 2017) firmiert. Die Grundidee ist, dass die Teilnahme an Befragungen an sich „Spaß" macht und dadurch einen belohnenden Charakter hat (Puleston, 2011; Turner et al., 2014). Elemente des Playful Designs sind z. B. die Integration von Herausforderungen, Zielsetzungen, direktes und regelmäßiges Feedback oder Belohnungen in Kombination mit ästhetischen und ansprechenden Designs (Hamari et al., 2014; Keusch & Zhang, 2017).

Die zusätzliche Nutzung von multimedialen Elementen (z. B. Bildern, Videos) und die absehbare Nutzung von XR-Technologien im Kontext von MABs wird zukünftig die Humanisierung des Interfaces („natural interface", Couper, 2005, S. 495) weiter steigern. Das heißt, Befragungen entwickeln sich mehr in Richtung der Ähnlichkeit einer tatsächlichen *Interaktion* mit einem „menschlichen" Gegenüber (z. B. Reaktion des Gegenübers, direkte Rückmeldung, Avatare). Zusätzlich werden für die Art der Interaktion mit Befragungen neue Impulse gesetzt und andere Formen und Formate organisationaler Erhebungen (z. B. Foto-Survey oder AR-Tagging im Bereich Arbeitssicherheit) ermöglicht. Im Kontext der technologischen Entwicklungen kommen neben der verstärkten Nutzung offener Kommentare auch zunehmend Spracheingaben und -ausgaben zum Einsatz. Neben der Möglichkeit der Direktaufnahme des Gesprochenen ist in der Praxis vor allem die Speech-to-Text-Funktion relevant (Khilari & Bhope, 2015), welche die Sprache in Text umwandelt und häufig als Standardfunktion in Smartphones und Tablets integriert ist oder online in Befragungstools bzw. Websites integriert werden kann. Kombiniert mit Möglichkeiten der Sprachausgabe können so perspektivisch interviewähnliche Sequenzen im Survey Design umgesetzt oder z. B. die Interaktion mit Avataren ermöglicht werden.

Neben dem Wandel der Gestaltung von Fragebögen und der Interaktion mit Befragungen werden zunehmend neue *Befragungsformate* entstehen, die teilweise oder in Gänze neue Kombinationen aus Frageformaten, Inhalten, Prozessen, Erhebungstechnologien und Labeling propagieren bzw. darstellen (z. B. Pulsbefragungen, Employee Net Promoter Score (ENPS), Live Polls, Employee Lifecycle (ELC) Surveys, Moments That Matter (MTM) Surveys).

4.2 Durchführungsphase

4.2.1 Erhebung

Die Planung, Organisation und Durchführung der Erhebungsphase ist eine im Rahmen der MAB häufig unterschätzte Aufgabe (Borg, 2015). Probleme bei der Erhebung (zu wenige Fragebögen, falsche Fragebögen, nicht funktionierende Links, falsche E-Mail-Adressen, falsche Zuordnung, vergessene Organisationsbereiche oder Personen, Downzeiten der Befragung etc.) können schnell die Kredibilität der Befragung untergraben und zu erheblicher Unzufriedenheit führen.

Bei den Erhebungsmethoden im Rahmen der MAB muss zunächst die grundsätzliche Entscheidung getroffen werden, ob die Meinungen der Mitarbeitenden *papierbasiert oder digital* erhoben werden. Innerhalb dieser zwei grundsätzlichen Formen der Erhebung gibt es wiederum eine ganze Reihe von verschiedenen Möglichkeiten der Implementierung und konkreten Umsetzung (z. B. klassischer Online-Survey, App, Befragungsstationen etc.). Darüber hinaus gibt es auch *Mischformen* papierbasierter und digitaler Erhebung. Diese Mixed-Mode-Formen der Erhebung (Liebig et al., 2004) sind durchaus üblich, insbesondere in Organisationen, die einen hohen Anteil von gewerblichen Mitarbeitenden ohne direkten Zugang zu Computern haben. Andere Mischformen sind der Versand von papierbasierten Zugangscodes und das Ausfüllen der Befragung zu Hause oder im Betrieb in eingerichteten Befragungsstationen bzw. -terminals oder durch die Ausgabe bzw. Nutzung von bereitgestellten Tablets.

Papierbasierte Erhebungsmethoden versus Online-Befragungen

Trotz der zunehmenden Verbreitung von Online-Befragungen und digitalen Erhebungsmethoden bleibt die papierbasierte Form der Erhebung weiterhin in vielen Organisationen populär. Frieg und Hossiep (2018) berichteten in ihrer Praxisstudie im deutschsprachigen Raum, dass 46 % der Organisationen rein online und 8 % rein papierbasiert befragten sowie 46 % der Organisationen papierbasierte Befragungen und Online-Befragungen kombinierten.

Die Gründe für den Einsatz *papierbasierter Erhebungsmethoden* sind vor allem mit der pragmatischen Frage des Zugangs zu Computern und E-Mails verbunden.

Wenn Mitarbeitende keinen Zugang zu Computern haben bzw. keine dienstliche E-Mail-Adresse besitzen, ist die Erhebung mittels papierbasierter Befragung eine naheliegende Option. Ein weiterer Grund zur Nutzung von papierbasierten Erhebungsmethoden ist die in der Regel als höher wahrgenommene Anonymität der Befragung. Online-Erhebungsmethoden werden hierbei häufig als weniger anonym wahrgenommen (siehe auch Liebig et al., 2004). Zudem können rechtliche Erwägungsgründe in der praktischen Umsetzung eine Rolle spielen (siehe Abschnitt 4.1.1).

Dennoch ist die *Online-Befragung* mit einer Reihe von Vorteilen verbunden, insbesondere in Bezug auf die logistische Verteilung und die Sammlung der Fragebögen. Auch das Datenhandling, die Gestaltungsoptionen und -dynamik, die zeitliche Flexibilität und Skaleneffekte (d.h. die Online-Befragungen werden bei weiteren Teilnehmenden verglichen mit papierbasierten Befragungen nur unwesentlich teurer) stellen hierbei weitere Vorzüge dar (für einen ausführlichen Überblick siehe Liebig et al., 2004). Die Verteilung der Fragebögen kann in der Regel ökonomisch und gut kontrollierbar über entsprechende E-Mail-Listen organisiert werden, vorausgesetzt die teilnehmenden Mitarbeitenden der Online-Befragung verfügen über eine aktive E-Mail-Adresse und einen entsprechenden Online-Zugang. Druckkosten und zeitliche Puffer für die logistische Abwicklung der papierbasierten Befragung entfallen. Die Antwortdaten liegen in Echtzeit in digitaler Form vor, Erfassungsaufwand und Transkriptionsfehler werden durch die direkte Datenbankanbindung minimiert. Außerdem kann die Befragung noch bis kurz vor Beginn der Erhebung angepasst werden. Auch sind Anpassungen (z.B. Änderung in der Codingliste) während der Befragung möglich. Die Nutzung von Möglichkeiten der Teilnahme-Erinnerung ist online im Vergleich zur papierbasierten Befragung ebenfalls einfacher. Ein weiterer Vorteil der Online-Befragung ist die Möglichkeit der Nutzung dynamischer Elemente in der Fragebogengestaltung. Im einfachsten Fall bedeutet dies, dass zum Beispiel bestimmte Filterführungen möglich sind (Itembranching), wodurch bestimmte Fragen oder Antwortoptionen nur in Abhängigkeit der Beantwortung anderer Fragen dargeboten werden (adaptive Funktion).

Verteilung, Ausfüllen, Zuordnung und Rücksendung der Fragebögen

Aus logistischer Perspektive umfasst die Durchführung die Verteilung der Fragebögen, das Ausfüllen, die Zuordnung zu Strukturmerkmalen (z.B. Organisationseinheit) und die Rücksendung der Antworten. Entsprechend gliedert sich die Diskussion der Durchführung einer papier- oder onlinebasierten Erhebung entlang dieser vier zentralen Elemente der Erhebungsorganisation. Für die Verteilung, das Ausfüllen, die Zuordnung und Rücksendung der Fragebögen sind in Abhängigkeit des Befragungsformates in Tabelle 16 die wichtigsten unterschiedlichen Optionen dargestellt.

Tabelle 16: Verteilung, Ausfüllen und Zuordnung der MAB in Abhängigkeit des Befragungsformats

Befragungs-format	Verteilung	Ausfüllen	Zuordnung
Papier-basiert	• Verteilung an Länder/Standorte/Abteilungen logistisch organisieren • Übergabe/Verteilung an die jeweiligen Mitarbeitenden organisieren • Blankoexemplare für Sonderfälle bereithalten • Rücksendung organisieren (Abgabestationen/postalischer Rückversand/Hauspost etc.)	• Polling Stations oder MAB-Lounges einrichten – Alternative: Bereitstellen von Tischen in der Nähe des Arbeitsplatzes, in Pausen- oder Aufenthaltsräumen – mögliche Engpässe bei kollektiver gleichzeitiger Nutzung berücksichtigen • bei Befragungsstationen und Einwurfurnen auf Sicherheit und Privatsphäre achten	• Zugehörigkeit zur Abteilung oder Organisationseinheit wird durch Ausfüllbogen in Form von Selbstauskunft erfasst • Vorbelegung durch Aufkleber oder Codierung
Online-basiert	• Erreichbarkeit der Mitarbeitenden unproblematisch, falls alle über ein digitales Endgerät und eine E-Mail-Adresse verfügen • bei Planung gemeinsame Nutzung digitaler Endgeräte von Mitarbeitenden miteinbeziehen	• Polling Stations oder MAB-Lounges einrichten – bei Problemen durch kollektive Nutzung ist der Use-Your-Own-Device-Ansatz möglich • Nutzerfreundlichkeit und technische Umsetzung: Usability-Test im Vorfeld • Pflichtfragen sollten vermieden werden – Pflichtfragen führen zu höheren Abbruchraten und Einschränkungen der Freiwilligkeit • bei Befragungsstationen und Terminals auf Sicherheit und Privatsphäre achten	• Zugehörigkeit zur Abteilung oder Organisationseinheit wird durch Drop-down-Menü in Form von Selbstauskunft erfasst • Vorbelegung im System durch Link

Tabelle 16: Fortsetzung

Befragungsformat	Verteilung	Ausfüllen	Zuordnung
Allgemein	• Ansprechpersonen (vor Ort oder telefonisch) festlegen	• Privatsphäre kann durch räumliche Maßnahmen gefördert werden • Barrierefreiheit gewährleisten	*Vor- und Nachteile der Vorbelegung* • schafft deutlich höhere Prozesssicherheit • fördert mögliche Einschränkung der wahrgenommenen Anonymität • mögliche verminderte Akzeptanz des Instruments → Vorgehen sollte aktiv kommuniziert und erklärt werden *Vor- und Nachteile der Selbstzuordnung* • als akzeptanzförderliche Maßnahme empfehlenswert • Mitarbeitenden bleibt selbst überlassen, ob sie Angaben zu ihrer Person bzw. Organisationszugehörigkeit machen wollen • Fehlzuordnungen sind möglich (Bungard, Müller & Niethammer, 2007) → Nichtangabe der Organisationseinheit: ca. 3–10 %
	• Durchführungsart muss für jede Organisation individuell entschieden und geprüft werden • Hintergründe: Tatsächliche operative Möglichkeiten, vorhandene Budgets, Zielsetzungsfragen, Wichtigkeit wahrgenommener Anonymität und Freiwilligkeit • sinnvolles Zusammenspiel der Verteilung, der Organisation des Ausfüllens und der Sammlung und Zuordnung ist anzustreben		

Bei der *Verteilung* stellt die Kontrolle der ausgeteilten Fragebögen einen kritischen Aspekt dar. Es muss sichergestellt werden, dass jede/r Mitarbeitende nur einen Befragungsbogen erhält. Dies ist in der Regel bei der papierbasierten Befragung aufwendiger umzusetzen als bei Online-Befragungen. Bei der Online-Befragung wird in der Regel ein Link in der E-Mail codiert, dessen weitere Nutzung nach Abschicken der Befragung nicht mehr möglich ist.

Das *Ausfüllen* der Fragebögen kann bei der papierbasierten Version direkt am Arbeitsplatz erfolgen. Dies kann z. B. in Form von Polling Stations (Borg & Mastrangelo, 2008) bzw. der Wahllokal-Methode (Borg, 2015) erfolgen. Bei dieser Methode ist die Verteilung des Fragebogens direkt mit der räumlichen Möglichkeit des Ausfüllens verbunden. Andere Optionen sind zum Beispiel die Einrichtung einer MAB-Lounge. Hier erfolgt die Ausgabe der Fragebögen nicht unbedingt direkt in den Räumlichkeiten, doch es werden spezielle Räume mit angenehmen Bedingungen (Lounge-Charakter) zum Ausfüllen des Fragebogens geschaffen (siehe das Fallbeispiel in Abschnitt 5.1.2). Bei der Einrichtung von „Wahllokalen" oder MAB-Lounges stellt sich die Frage, ob das Ausfüllen individuell oder kollektiv organisiert ist. Bei der individuellen Organisation können Mitarbeitende relativ frei entscheiden, wann sie den Fragebogen ausfüllen wollen und sich individuell in die MAB-Lounge zurückziehen bzw. sich zum „Wahllokal" begeben. Bei der kollektiven Organisation werden für bestimmte Organisationseinheiten (z. B. Schichten) feste Zeiten eingeführt, in denen die Befragung im kollektiven Setting ausgefüllt wird (siehe Borg & Mastrangelo, 2008). Aus psychologischer Sicht ist bei diesem Vorgehen die Freiwilligkeit der Teilnahme durch die kollektive Organisation und hohe Transparenz der individuellen Teilnahme eingeschränkt.

Eine schlankere Alternative zur aufwendigen Gestaltung von Polling-Stationen oder MAB-Lounges ist das Bereitstellen von Tischen in der Nähe des Arbeitsplatzes, in Pausen- oder in Aufenthaltsräumen. Generell ist bei der Einrichtung von Befragungsstationen darauf zu achten, dass der Fragebogen mit einem gewissen Maß an Privatsphäre ausgefüllt werden kann, d. h., dass den Mitarbeitenden nicht nur im sprichwörtlichen Sinne niemand „über die Schulter schaut" (Müller, Bungard et al., 2007, S. 45).

Im Rahmen des Ausfüllens an der Arbeitsstelle dient die Nutzung entsprechender organisationaler Räumlichkeiten auch dazu, Ansprechpersonen zu bestimmten Zeiten zur Verfügung zu stellen. In der Regel gibt es beim Ausfüllen der MAB eine Reihe von Fragen, die auf diese Weise direkt mit einer Ansprechperson vor Ort geklärt werden können. Beim Ausfüllen am Büroarbeitsplatz oder zu Hause ist die Einrichtung einer Hotline (Telefon/E-Mail) angeraten (Müller, Bungard et al., 2007).

Bei der Online-Befragung ist das Ausfüllen im organisationalen Kontext relativ unproblematisch, wenn die Mitarbeitenden über eigene digitale Endgeräte verfügen. Hier können die Mitarbeitenden den Fragebogen am eigenen Arbeitsplatz ausfüllen. Problematischer wird es, wenn Mitarbeitende nicht über ein eigenes digitales

Endgerät im Kontext ihrer Arbeit verfügen oder dieses mit anderen Mitarbeitenden geteilt wird. Eine Alternative hierbei stellen sogenannte „Use-Your-Own-Device"-Ansätze (Disterer & Kleiner, 2014) dar, in denen es Mitarbeitenden erlaubt wird, auch im organisationalen Kontext die MAB auf privaten Endgeräten auszufüllen.

In der technischen Umsetzung der Befragung stellt sich die Frage, ob die Teilnehmenden zur vollständigen Beantwortung des Fragebogens aufgefordert werden, indem z. B. keine fehlenden Werte erlaubt werden, um den Fragebogen weiterzuklicken oder abzuschließen. Von solch einer in frühen Phasen der Online-Befragung üblichen Praxis ist aufgrund der höheren Abbruchraten und Einschränkung der Freiwilligkeit abzusehen (Müller, Bungard et al., 2007). Generell ist es in Bezug auf die Erleichterung des Ausfüllens des Fragebogens wichtig, die Online-Befragung nutzerfreundlich zu gestalten und Fragen der technischen Umsetzung zu klären. Hier sind z. B. eine Reihe von Designentscheidungen zu treffen, wie z. B. die Wahl zwischen Screen-by-Screen- und Scroll-down-Varianten (Mavletova & Couper, 2014) oder die Nutzung von Fortschrittsbalken (siehe hierzu Müller, Bungard et al., 2007). Ein zentraler Aspekt in der Gestaltung der Online-Befragung und dessen technischer Umsetzung liegt in der Barrierefreiheit (siehe hierzu Abschnitt 4.1.1). In jedem Fall sollte ein Nutzungs- bzw. Usability-Test sowie ein technischer Vortest erfolgen (zu Vorgehen und Methoden der Vortestung siehe Abschnitt 4.1.2).

Ein zentraler Punkt jeder Befragung ist die Entscheidung, wie die Mitarbeitenden bestimmten demografischen Variablen (z. B. Organisationseinheit, Geschlecht, Dauer der Betriebszugehörigkeit, Altersgruppe etc.) zugeordnet werden. Borg (2015) merkt hierzu an, dass Daten, die nicht einer Organisationseinheit zugeordnet werden können, fast wertlos sind, da sich niemand für die Ergebnisse verantwortlich fühlt. Das eigentlich zentrale Strukturmerkmal ist daher in der Regel die *Zuordnung* zu bestimmten Organisationseinheiten, um spezifische Ergebnisberichte erzeugen zu können. Die Erfassung weiterer demografischer Variablen (siehe Abschnitt 4.1.2) sollte stark abgewogen werden und auch dem Prinzip folgen, nur solche Aspekte zu erheben, bei denen klar ist, wo die Verantwortlichkeit liegt, mit den zusätzlichen Ergebnissen zu arbeiten.

Wie bereits angesprochen, ist ein weiterer kritischer Aspekt in der Erhebung die Nutzung von Vorbelegungen (online über Link/papierbasiert über Aufkleber oder Markierungen), d. h. die Hinterlegung von Informationen zur Zuordnung von Teilnehmenden zu Strukturmerkmalen wie z. B. Organisationseinheit, Geschlecht, Altersgruppe oder Dauer der Betriebszugehörigkeit. Der Vorbelegung steht als Option die Selbstzuordnung durch die Befragten innerhalb des Fragebogens gegenüber. Die Selbstzuordnung hat insbesondere aus psychologischer Perspektive einige Vorteile, wie z. B. erhöhte Akzeptanz des Instruments. So bleibt es den Mitarbeitenden selbst überlassen, ob sie Angaben zu ihrer Person bzw. der Organisationszugehörigkeit machen wollen. Werden die praktischen Erfahrungen aus verschiedenen Projekten betrachtet, so liegt die Rate der Mitarbeitenden, die sich entschließen, ihre Organisationseinheit nicht anzugeben, bei ca. 3 bis 10 %. Problematisch bei Verfahren der Selbstzuordnung sind neben fehlenden Angaben auch Falschzuordnungen, d.h. Mitarbeitende, die sich versehentlich – vor allem während oder nach Restrukturierungsmaßnahmen – oder auch absichtlich anderen Einheiten zuordnen. Bei einer relativ klaren Organisationsstruktur, guten Kenntnissen der Mitarbeitenden über ihre Einheitsbezeichnungen sowie einer konstruktiven Einstellung gegenüber der MAB ist die Selbstzuordnung, insbesondere als akzeptanzfördernde Variante, empfehlenswert. Die Vorbelegung schafft hingegen deutlich höhere Prozesssicherheit, befördert aber eine mögliche Einschränkung der wahrgenommenen Anonymität und eine verminderte Akzeptanz des Instrumentes. Auf jeden Fall sollte das Vorgehen der Vorbelegung gegenüber den Mitarbeitenden aktiv kommuniziert und erklärt werden. Die Problematiken der Vorbelegung sind, auch im US-amerikanischen Raum, durchaus zu beobachteten. „Identified Surveys" werden ausführlich bei Saari und Scherbaum (2011) diskutiert.

Tabelle 17 gibt einen Überblick über kritische Abwägungen in der Gestaltung des Erhebungsprozesses bei Betrachtung psychologischer und administrativer Perspektiven.

Tabelle 17: Abwägungen während des Erhebungsprozesses

	Hohe Prozesskontrolle Gefährdung psychologischer Sicherheit und Anonymität	**Geringe Prozesskontrolle** Stärkung psychologischer Sicherheit und Anonymität
Verteilung	Wahllokal-Methode	Hauspost, Heimadresse, Verteilung durch HR
	personalisierte Ansprache/Einladung	generische Ansprache
Ausfüllen/ Sammlung	kollektive Erhebung/Gruppensitzung	MAB-Lounge, freie Urne, Postweg
Zuordnung	Vorbelegung	Selbstzuordnung
Nachfassaktionen	extensiv	moderat, dezent
Reminder	personalisiert an bisherige Nicht-teilnehmende	generisch an alle
Rücklaufreporting	extensiv, kompetitiv, Rücklaufrallye	moderat, dezent

Unabhängig von der Entscheidung für eine Vorbelegung oder Selbstzuordnung müssen Personen bestimmten Organisationseinheiten bzw. Berichtseinheiten zugeordnet werden. Die organisationale Codingliste (Müller, Bungard et al., 2007) bildet letztlich die Grundlage der späteren Berichtslegung und bestimmt die Differenziertheit der Ergebnisanalysen und die Reportingtiefe der Berichte. Die Erstellung dieser Codingliste auf Basis der Organisationsstruktur bzw. Reportingstruktur ist eines der im Rahmen der operativen Durchführung der MAB am häufigsten unterschätzten Aufgabenpakete.

In Bezug auf die *Rücksendung* von papierbasierten Befragungen ist in der Praxis häufig eine Kombination mehrerer Rücksendeoptionen vorzufinden, d.h. den Mitarbeitenden steht es frei, die Fragebögen in einem beiliegenden Rückumschlag direkt in eine Urne in der Organisation oder, falls das Ausfüllen zu Hause erfolgt, einfach in einen Briefkasten in ihrer Nähe zu werfen. Diese Flexibilität ist zwar logistisch etwas aufwendiger, jedoch häufig nur mit überschaubaren Mehrkosten verbunden. Die zusätzlichen Portokosten entstehen z.B. nur für die Rückumschläge, die tatsächlich in die Post gegeben werden. Erfahrungen zeigen, dass beim Anbieten beider Möglichkeiten (Sammelbox und Postweg) der überwiegende Großteil über die Sammlung per Sammelboxen geschicht. Den eigenen Erfahrungen nach nutzen ca. 10 bis 20 % der Befragten die zusätzliche Option der Versendung per Post. Unabhängig von der konkreten Ausgestaltung hat eine papierbasierte Befragung auch immer Auswirkungen auf den Zeitplan eines Befragungsprojektes, da Informationen früher fertiggestellt und Zeitpuffer für Druck und Versand sowie Sammlung und Rücksendung der Fragebögen eingeplant werden muss.

Oft stellt sich auch die Frage nach der Vergleichbarkeit von Befragungsergebnissen mit unterschiedlichen Erhebungsformaten. Diese Frage wurde insbesondere für den Vergleich von papierbasierten Befragungen mit Online-Befragungen extensiv adressiert. Die Ergebnisse deuten in der Mehrheit darauf hin, dass Papier- und Online-Befragungen zu ähnlichen Ergebnissen führen und die Daten aus unterschiedlichen Erhebungsformaten gut vergleichbar sind (De Beuckelaer & Lievens, 2009).

4.2.2 Reporting

Rücklaufquote und Teilnahmebereitschaft

Die Rücklaufquote spielt im Rahmen der MAB eine zentrale Rolle, da diese ein Indikator für die Akzeptanz der MAB in der Organisation ist (Borg, 2003; Müller, Bungard et al., 2007). In diesem Sinne kann die Rücklaufquote als erstes quantitatives Erfolgskriterium einer MAB verstanden werden (Edwards et al., 1997) und zwar als Indiz dafür, ob die MAB von den Mitarbeitenden akzeptiert und angenommen wurde. Eine hohe Rücklaufquote ist in der Regel mit einem höheren Glauben in die Aussagekräftigkeit der Ergebnisse verbunden. Bei geringen oder unglaubwürdigen Rücklaufquoten werden die erzielten Ergebnisse oft sehr kritisch hinterfragt und Vermutungen über mögliche Verzerrungen in eine negative oder auch eine positive Richtung angestellt.

Mögliche Verzerrungen sind aus statistischer Sicht nicht direkt an der Rücklaufquote festzumachen, vielmehr kommt es auf die Antwortrepräsentativität und die Gründe für die Nichtteilnahme an. Rogelberg und Kolleg_innen (2003) unterscheiden dabei zwischen der sogenannten aktiven und passiven Nichtteilnahme. *Aktive Nichtteilnehmende* zeichnen sich dadurch aus, dass sie aufgrund inhaltlicher Überlegungen bewusst nicht an der Befragung teilnehmen. *Passive Nichtteilnehmende* hingegen nehmen an der Befragung nicht teil, weil sie beispielsweise vergessen haben, diese auszufüllen oder den Fragebogen bzw. den Zugangslink verloren haben. Rogelberg und Kolleg_innen (2003) berichteten, dass bei organisationalen Befragungen die passiven Nichtteilnehmenden (nicht erreichbar, Unvermögen, Achtlosigkeit) überwogen und der Anteil der aktiven Nichtteilnehmenden bei 15 % lag. Sie folgerten daraus, dass für Befragungen im organisationalen Kontext weniger mit tatsächlichen Verzerrungen zu rechnen ist. Neben den praktischen und statistischen Erwägungen der Auswirkung unterschiedlicher Rücklaufquoten stellt sich in der Praxis immer auch die Frage, welche Rücklaufquoten zu erwarten sind (siehe Abbildung 16).

Quelle		Prozentuale Rücklaufquote (10 – 100)
Durchschnittliche Rücklaufquoten		
Spaeth & O'Rourke (1994)	Organisationskontext	64,5 %
Tomaskovic-Devey et al. (1994)	Organisationskontext	53 %
Roth & BeVier (1998)	Organisationskontext	57 %
Cook et al. (2000)	elektronische Befragungen	39,6 %
Youssefnia & Berwald (2003)	Organisationskontext	67 %
Cycyota & Harrison (2006)	Top-Management	34 %
Hodapp (2007)	Erstbefragung	~50 %
	Folgebefragung	66 % bis 80 %
Baruch & Holtom (2008)	Arbeitnehmende	52,7 %
	Top-Management	35 %
Anseel et al. (2010)	Organisationskontext	52,3 %
Whelan (2015)	Organisationskontext	51 %
Frieg & Hossiep (2018)	größere Organisationen im DACH-Raum	74,1 %
Frieg (2018)	prozentuale Verteilung von Rücklaufraten in Organisationen	6,3 % unter 50 %; 38,7 % zwischen 50 % und 70 %; 54,9 % über 70 %

Abbildung 16: Ausprägungen von Rücklaufquoten in MABs

Für die Praxis der MAB lässt sich als Daumenregel ableiten, dass ein Rücklauf von unter 50 % im Vergleich zu den Erfahrungswerten für MABs eher als gering zu bewerten ist (vgl. Abbildung 17). Ein Rücklauf zwischen 50 % und 65 % kann als akzeptabel bezeichnet werden, zwischen 65 und 80 % als gut und mit mehr als 80 % als sehr gut. Zudem lässt sich festhalten, dass themenspezifische Befragungen, Change- und Pulsbefragungen eher geringere Rücklaufquoten (zwischen 30 % und 50 %.) erzielen als die oft von einem ausgefeilten Informations- und Kommunikationskonzept begleiteten MABs (vgl. Colihan & Waclawski, 2006).

Quelle		Prozentuale Rücklaufquote									
		10	20	30	40	50	60	70	80	90	100
Empfehlungen											
Fowler (1984)	aussagekräftige Ergebnisse ab							60 %			
Kraut (1996)	aussagekräftige Ergebnisse ab								65 %		
Bladowski (2007)	aussagekräftige Ergebnisse ab						50 %				
Borg (2015)	Wahllokal-Methode										90 %
	Online-MAB									80 %	
	postalische MAB						50 % bis 70 %				
Gray (2018)	bei großem Anteil von Mitarbeitenden mit Online-Zugang								70 % bis 80 %		
Bungard (2018)	Kategorisierung				<50 %		>50 %		>70 %		
Shoobridge (2017)	Kategorisierung		<30 %		<50 %		50 % bis 60 %	60 % bis 70 %	>70 %		

☐ gering/kritisch ☐ gut/akzeptabel ■ sehr gut/hervorragend

Abbildung 17: Empfehlungen für die Güte von Rücklaufquoten von MABs

Wichtig ist, dass unabhängig von der Rücklaufquote mit den Ergebnissen der MAB gearbeitet wird. Gerade bei geringen Rücklaufquoten kann schließlich ein geringer Glaube an die Wirksamkeit der MAB ein Auslöser für die Nichtteilnahme gewesen sein. Würden die Ergebnisse auf Basis einer geringen Rücklaufquote zur Seite gelegt und nicht beachtet werden, entstünde eine Art selbsterfüllende Prophezeiung, bei der zudem die Teilnehmenden, die sich für die MAB engagiert und Hoffnungen in das Instrument gesetzt hatten, auch noch enttäuscht werden.

Entsprechend der Vielfalt der Einflussfaktoren ist auch die Anzahl möglicher *Maßnahmen zur Steigerung des Rücklaufs* gerade im Kontext der MAB hoch. Das Ziel der Steigerung der Rücklaufquote lässt sich in der Regel nicht durch eine spezifische Maßnahme erreichen. Vielmehr ist eine Reihe von wichtigen Entscheidungen im Rahmen der Ausgestaltung der MAB zu treffen. Um ein tieferes Verständnis der Einflussfaktoren zu erhalten und auch deren Zusammenspiel zu betrachten, können theoretische Perspektiven helfen, welche die zentralen Faktoren der Teilnahmebereitschaft kategorisieren und in einen umfassenderen Zusammenhang setzen.

Bosnjak und Kolleg_innen (2005) haben die etablierte und vielfach bewährte Theorie des geplanten Verhaltens (Ajzen, 1991) als psychologisches Modell der *Teilnahmebereitschaft* genutzt. Danach nehmen Mitarbeitende wahrscheinlicher an einer Befragung teil, wenn sie eine positive Einstellung zur MAB haben, wenn das Umfeld sie zur Teilnahme motiviert, wenn die Teilnahme ihnen leichtfällt und darüber hinaus eine gefühlte Verpflichtung gegenüber dem Arbeitgebenden zur Teilnahme motiviert.

Insbesondere für die praktische Arbeit und auch für die Einordnung der bisherigen Befunde ist es nützlich, psychologische Akzeptanzfaktoren in systematischer Weise mit Gestaltungsaspekten der MAB in Verbindung zu bringen. Hier kann, ähnlich dem Modell von Straatmann und Kolleg_innen (2016), ein Bezug zwischen den psychologischen Faktoren und der etablierten Taxonomie von Change-Management-Faktoren (Armenakis & Bedeian, 1999; Holt et al., 2007) hergestellt werden (vgl. auch Abschnitt 3.3). Diese unterscheiden Inhaltsfaktoren, Prozessfaktoren, Kontextfaktoren sowie Personenfaktoren. Dabei stellen insbesondere die drei zuerst genannten Faktoren maßgebliche Kategorien der Intervention dar. Entsprechend gibt Abbildung 18 auf Basis praktischer Erfahrungen und vorhandener Forschungsbefunde einen Überblick über relevante Einflussfaktoren der Teilnahmebereitschaft auf Basis der Einteilung von Inhalt-, Prozess- und Kontextfaktoren.

Datenaufbereitung und -handling

Sind die Daten der MAB erhoben, so gilt es, diese für die weitere Auswertung und die Erstellung der Berichte aufzubereiten. Im Fall von *papierbasierten Erhebungen* müssen dazu die papierbasierten Fragebögen zunächst gescannt werden. Um diesen Prozess zu erleichtern, sollten bereits in der Fragebogengestaltung die Anforderungen des Scanprogrammes für die Ausgestaltung des papierbasierten Fragebogens berücksichtigt werden. Dazu zählt unbedingt, dass ein Probedruck des Fragebogens erstellt wird, der dann testweise gescannt und ausgewertet wird. Dabei sollte geprüft und sichergestellt werden, dass alle Antworten korrekt erkannt und durch das Scanprogramm zugeordnet werden können.

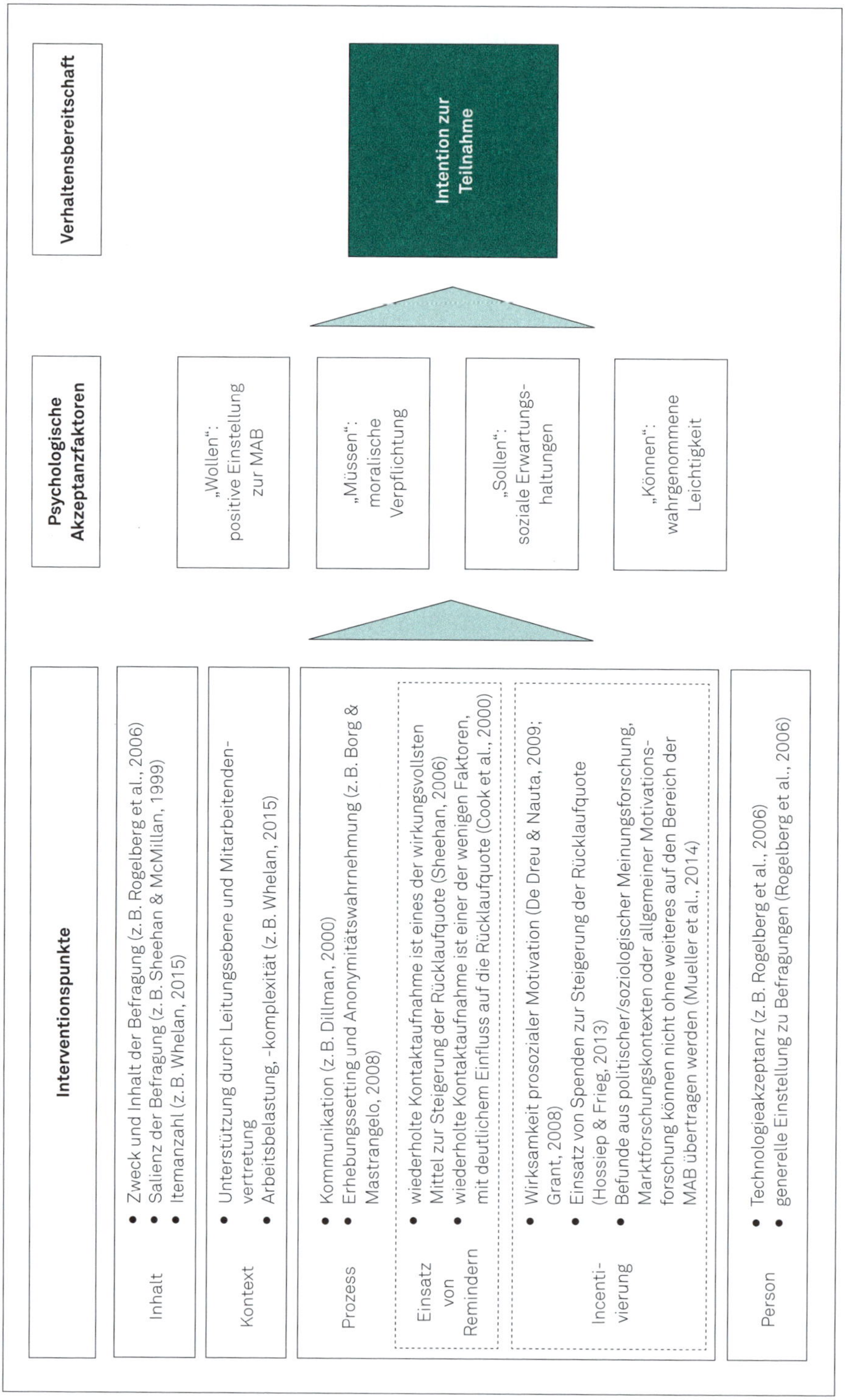

Interventionspunkte

Inhalt	• Zweck und Inhalt der Befragung (z. B. Rogelberg et al., 2006) • Salienz der Befragung (z. B. Sheehan & McMillan, 1999) • Itemanzahl (z. B. Whelan, 2015)
Kontext	• Unterstützung durch Leitungsebene und Mitarbeitenden-vertretung • Arbeitsbelastung, -komplexität (z. B. Whelan, 2015)
Prozess	• Kommunikation (z. B. Dillman, 2000) • Erhebungssetting und Anonymitätswahrnehmung (z. B. Borg & Mastrangelo, 2008)
Einsatz von Remindern	• wiederholte Kontaktaufnahme ist eines der wirkungsvollsten Mittel zur Steigerung der Rücklaufquote (Sheehan, 2006) • wiederholte Kontaktaufnahme ist einer der wenigen Faktoren, mit deutlichem Einfluss auf die Rücklaufquote (Cook et al., 2000)
Incentivierung	• Wirksamkeit prosozialer Motivation (De Dreu & Nauta, 2009; Grant, 2008) • Einsatz von Spenden zur Steigerung der Rücklaufquote (Hossiep & Frieg, 2013) • Befunde aus politischer/soziologischer Meinungsforschung, Marktforschungskontexten oder allgemeiner Motivationsforschung können nicht ohne weiteres auf den Bereich der MAB übertragen werden (Mueller et al., 2014)
Person	• Technologieakzeptanz (z. B. Rogelberg et al., 2006) • generelle Einstellung zu Befragungen (Rogelberg et al., 2006)

Psychologische Akzeptanzfaktoren

„Wollen“: positive Einstellung zur MAB

„Müssen“: moralische Verpflichtung

„Sollen“: soziale Erwartungshaltungen

„Können“: wahrgenommene Leichtigkeit

Verhaltensbereitschaft

Intention zur Teilnahme

Abbildung 18: Rahmenmodell der Intention zur Teilnahme an einer MAB

Im Falle einer *Online-Erhebung* lassen sich die Daten meist in einem gängigen Format direkt aus der Erhebungssoftware exportieren. Für die weitere Verarbeitung der Daten und deren Auswertung sind dann verschiedenste Datenformate bzw. Datenverarbeitungsprogramme denkbar (Excel, SPSS, Stata, Mplus, R, HLM etc.). In diesem Zusammenhang muss ein Codebuch angelegt werden, welches alle Variablennamen und mögliche Ausprägungen der Variablennamen enthält und alle Entscheidungen und Veränderungen am Datensatz lückenlos dokumentiert (Edwards et al., 1997).

Anschließend erfolgt die *Datenkontrolle* bzw. die Datenbereinigung. Diese ist von besonderer Bedeutung, da die durch die Kontrolle und Bereinigung der Daten hergestellte Qualität essenzielle Voraussetzung für die Erstellung weiterer Analysen und die spätere Interpretierbarkeit und Glaubwürdigkeit der Ergebnisse ist (Borg & Mastrangelo, 2008; Church & Waclawski, 2017). Grundsätzlich sollten dazu die Genauigkeit und die Konsistenz der Daten geprüft werden (Edwards et al., 1997). Für die Prüfung der Genauigkeit bietet es sich an, die deskriptiven Statistiken der Variablen im Einzelnen zu betrachten, um so z. B. inkorrekte Werte zu identifizieren (z. B. Werte von „6“ oder „0“ bei einer fünfstufigen Skala). Darüber hinaus sollte geprüft und sichergestellt werden, dass fehlende Werte einheitlich codiert sind (z. B. konsistent der Wert „–99“ als fehlender Wert definiert ist).

Datenqualität: Missings und nachlässiges Antwortverhalten

Nach Church und Waclawski (2017) zählen zu den *häufigsten Problemen*, die im Rahmen der ersten Datenkontrolle identifiziert und behoben werden sollten, unter anderem

- fehlende Werte (komplett leere Fragebögen oder viele nicht beantwortete Items),
- aufgrund anderer Ursachen nicht auswertbare Fragebögen (zerrissene oder zerschnittene Bögen),
- problematische Antwortmuster (durchgehende Verwendung nur einer Antwortoption, Ankreuzen grafischer Muster im Fragebogen),
- die Auswahl von mehr als einer Antwortoption
- oder große Inkonsistenzen bei der Beantwortung ähnlicher Items.

Zur Diagnose möglicher systematischer Muster in den fehlenden Werten sollte zunächst eine Indikatormatrix der Fehlwerte erstellt werden, in welcher die fehlenden Werte in einer zusätzlichen Variable erfasst bzw. umcodiert werden. Sodann kann der Anteil fehlender Werte pro Fall und pro Variable bestimmt werden.

Church und Waclawski (2017) empfehlen, Fälle, die weniger als 10 % der Fragen des gesamten Fragebogens beantwortet haben, für über das Standardreporting hinausgehende, statistische Analysen auszuschließen, da in diesem Fall ein größeres Problem in der Validität der Daten angenommen werden kann.

Auf Basis der Auswertung von fehlenden Werten pro Fall und Variable können mögliche Muster fehlender Werte erkannt werden. Anhand der neu erstellten Indikatorvariablen können dann weiterhin potenzielle Gruppenunterschiede zwischen den Mitarbeitenden, die keine fehlenden Werte auf einer Variable (Responder) und Mitarbeitenden, die fehlende Werte auf derselben Variable aufweisen (Non-Responder), ermittelt werden. Zusätzlich besteht die Möglichkeit, Zusammenhänge zwischen den Indikatorvariablen über Korrelationsanalysen zu berechnen, um so systematische Zusammenhänge zwischen dem Auftreten fehlender Werte auf verschiedenen Variablen zu identifizieren.

Ein weiterer wichtiger Aspekt in der Datenkontrolle ist die Identifikation von *nachlässigem Antwortverhalten* (Careless Responding) durch die Mitarbeitenden. Hier wurden in den letzten Jahren verschiedene Methoden dargestellt und entwickelt, die das Ausmaß von nachlässigem Antwortverhalten identifizieren können. Die Darstellung möglicher Muster im nachlässigen Antwortverhalten kann im Kontext der Präsentation der Ergebnisse gegenüber dem Management oder im Kontext eines Lessons-learned-Workshops im Nachgang der Befragung sehr interessant sein (zur ausführlichen Darstellung der Methoden siehe z.B. Huang et al., 2012).

Standardreporting: Typische Ergebnisdarstellung in Berichten

Beim Reporting der Ergebnisse einer MAB sind grundsätzlich unterschiedliche Formen zu berücksichtigen. Von den dezentralen Standardberichten, die an die einzelnen Abteilungen bzw. Teams (je nach Spezifikation der Organisationsstruktur) gesendet werden, sind die Berichte des Executive Reportings, die der Leitungsebene vorgelegt werden, zu unterscheiden. Für beide Formen des Reportings ist eine schnelle Auswertung und Wiedergabe der Ergebnisse von besonderer Bedeutung (Borg, 2015; Müller, Straatmann et al., 2007). Die Ergebnisberichte sollten in der Regel im PDF-Format erstellt werden. Dabei ist zu berücksichtigen, dass diese sowohl gut ausdruckbar als auch im optimalen Fall gleichzeitig im Rahmen der Präsentation im Folgeworkshop nutzbar sein sollten (Müller, Bungard et al., 2007). Dies ist bei der Wahl der Farben und Schriftgrößen zu beachten. Zur Verteilung der Ergebnisse sollte frühzeitig ein Portal mit entsprechender Rechtestruktur, ein E-Mail-Verteiler oder eine Liste für den postalischen Versand erstellt werden.

In Bezug auf das Reporting der Ergebnisse einer MAB und deren Darstellung sind einige zentrale *Analysegrundsätze* zu berücksichtigen. Dazu gehört, dass

- Analysen auf der Organisationsebene als Basis für zentrale Maßnahmenableitung dienen und Analysen auf Abteilungs- oder Teamebene als Basis für dezentrale Maßnahmen,
- alle Analysen und Berichte auf leichte Verständlichkeit ausgelegt und auf die Bedarfe der jeweiligen Organisation ausgerichtet sind,
- eine grafische Darstellung der Ergebnisse und visuelle Unterstützung genutzt werden sollten,

- die Analyse auf die Punkte aufmerksam macht, die ein weiteres Nachfragen oder eine vertiefende Diskussion im Workshop erfordern,
- die Auswertung einfach, verständlich und handlungsorientiert ist,
- beschreibende und erklärende Elemente enthalten sind und Hinweise für den weiteren Umgang mit den Ergebnissen gegeben werden.

Eine wichtige Frage, die vor der Erstellung der Berichte zu klären ist, bezieht sich auf die in den jeweiligen Berichten enthaltenen *Vergleichswerte*. So ist vorab festzulegen, welche Angaben in den verschiedenen Ergebnisdarstellungen über die Angabe des Wertes der jeweiligen Einheit hinaus mit angezeigt werden sollen. Gängig ist dabei eine Variante, die die Werte der jeweiligen Einheit sowie die der übergeordneten Einheit und außerdem der Gesamtorganisation als Vergleich enthält (also einen „Blick nach oben" oder auch Aufwärtsvergleich; Borg, 2015). Die Darstellung von Quervergleichen (z.B. zwischen Team A, B, C auf der gleichen Ebene) ist hingegen unüblich, da sie der MAB eine oft kontraproduktive kompetitive Note verleiht (Müller, Bungard et al., 2007). Wurde bereits eine MAB durchgeführt, so ist es sinnvoll, auch die jeweiligen Angaben zu den Jahresvergleichen in den Berichten zu ergänzen (Borg, 2015; Borg & Mastrangelo, 2008; Müller, Bungard et al., 2007). Bei der Verwendung von Jahresvergleichswerten ist jedoch zu beachten, dass diese Angaben nur gemacht werden können, wenn die Fragen im Fragebogen beibehalten und nicht zwischen den verschiedenen Befragungen verändert wurden, was genau geprüft werden muss.

Für die Betrachtung der Ergebnisberichte ergeben sich somit unterschiedliche Blickwinkel. Im Sinne einer *absoluten Betrachtung* enthalten Standardergebnisberichte jeweils Mittelwerte und Angaben zur Verteilung der Werte (z.B. Antworthäufigkeiten). Hier gibt der Mittelwert primär Antworten auf die Frage, wie stark die Zustimmung oder Ablehnung zu einem bestimmten Themenbereich oder Item ist, wohingegen die Betrachtung der Antworthäufigkeiten pro Antwortkategorie eher Hinweise darauf gibt, wie einheitlich die Antworten ausgefallen sind. Große Spannweiten in den Häufigkeiten können so bei der Besprechung der Ergebnisse im Workshop separat thematisiert werden. Darüber hinaus können auch Zustimmungsprozente (im Englischen auch „percentage favorable") angegeben werden. Hierbei handelt es sich um den Anteil der Befragten, die auf einer 5er-Skala mit „trifft voll zu" oder mit „trifft zu" geantwortet haben, die Mittelkategorie wird dabei nicht berücksichtigt.

Im Sinne einer *relativen Betrachtung* ermöglichen die Standardergebnisberichte auch die Einschätzung von Vergleichen. So kann mit Blick auf die Bereichs- oder Gesamtergebnisse betrachtet werden, ob der eigene Wert eher als hoch oder eher als niedrig einzuordnen ist. Gleichzeitig ermöglicht diese Darstellungsweise die Analyse eigener Stärken und Schwächen sowie darüber hinaus unter Berücksichtigung der Jahresvergleiche die Betrachtung der eigenen Entwicklung im Verlauf (siehe dazu auch Tabelle 18).

Für eine grobe Abschätzung der *Bedeutsamkeit von Unterschieden* zwischen Auswertungseinheiten oder zwischen verschiedenen Items gibt Wiley (2010) konkrete Hinweise: Bei Einheiten mit mehr als 100 Teilnehmenden können 5 % Unterschied in den Zustimmungsprozenten als bedeutsamer Unterschied interpretiert werden; bei Einheiten mit zwischen 50 und 100 Teilnehmenden können 10 % Unterschied in den Zustimmungsprozenten als bedeutsamer Unterschied interpretiert werden, und bei Einheiten mit weniger als 50 Teilnehmenden können 15 % Unterschied in den Zustimmungsprozenten als bedeutsamer Unterschied interpretiert werden.

Für größere Organisationen können nach Wiley (2010) auch schon Unterschiede in den Zustimmungsprozenten von 3 % oder 4 % bedeutsam sein. In ähnlicher Weise geben Church und Waclawski (2017) Orientierungshilfen für signifikante Mittelwertsunterschiede: Für Bereiche mit mehr als 500 Teilnehmenden ist ein Unterschied von 0,2 die angegebene Richtgröße; für Bereiche mit 300 bis 500 Teilnehmenden ist es 0,3; für Bereiche mit 150 bis 300 Teilnehmenden 0,4; für Bereiche mit 50 bis 150 Teilnehmenden ist es 0,5 und für Bereiche mit 20 bis 50 Teilnehmenden ist es 0,6.

Tabelle 18: Absolute und relative Betrachtung der Ergebnisse

Absolute Betrachtung: Mittelwert und Verteilung	**Relative Betrachtung: Vergleiche**
Wie stark ist die Zustimmung/Ablehnung? • „> 3,5“ = Zustimmungsbereich auf 5er-Skala	Wo sind Stärken oder Verbesserungspotenziale? • größte und geringste Zustimmung • Abweichung mit Blick auf eigenen Verlauf
Wie einheitlich sind die Antworten? • Verteilung der Häufigkeiten in den Antwortkategorien	Ist der Wert eher hoch oder eher niedrig verglichen mit anderen? • Abweichungen mit Blick auf Bereichs- oder Gesamtergebnisse, weitere Benchmarks

Im Reporting der Ergebnisse ist die jeweils festgelegte *Anonymitätsgrenze* selbstverständlich zu berücksichtigen und deutlich zu kennzeichnen, wenn die Ergebnisse einer Einheit oder auch einer einzelnen Frage aufgrund dieser Regelung nicht angezeigt werden. Darüber hinaus sind die verwendeten Antwortoptionen deutlich zu kennzeichnen, z. B. welche verbale Bezeichnung enthielt der Fragebogen für den Wert 1, den Wert 2 etc. (Borg & Mastrangelo, 2008). Unter Umständen kann es hilfreich sein, die Ergebnisse zusätzlich farbig (rot-grün-Skala) oder mit Smileys (lachend – weinend) zu kennzeichnen.

Grundlegende *Elemente des Standardreportings* umfassen die Darstellung des Rücklaufes der jeweiligen Einheit, die zentralen zusammengefassten Ergebnisse zu den einzelnen Themenbereichen des Fragebogens, ggf. die Darstellung von Indizes, die Darstellung markanter Einzelergebnisse, die Aufbereitung eines Handlungsportfolios sowie im Anschluss die Darstellung der Detailergebnisse (Müller, Straatmann et al., 2007). Die Darstellung im Reporting sollte dabei vom Allgemeinen ins Spezifische gehen, sodass zentrale Ergebnisse leicht und auf einen Blick erfasst werden können und Detailergebnisse für weitergehende Fragestellungen im hinteren Teil folgen.

In der Darstellung des *Ergebnisrücklaufes* wird klassischerweise die Anzahl der ursprünglich ausgegebenen Fragebögen, die Anzahl der zurückgesandten Fragebögen und die daraus errechnete Rücklaufquote aufgeführt und z. B. in Balkendiagrammen dargestellt. Diese Angaben werden im Sinne des Aufwärtsvergleiches auch für die übergeordnete Einheit und die Gesamtorganisation aufgeführt.

Ein weiteres zentrales Element stellt die *Zusammenfassung der Ergebnisse* zu den einzelnen Themenbereichen des Fragebogens (z. B. zusammenfassende Fragen zum Thema „Arbeitsorganisation" oder „Zusammenarbeit mit der Führungskraft") dar. Dabei sollte die Darstellung die Angabe der Anzahl an Antworten, eine numerische Angabe des Mittelwertes der Ergebnisse (jeweils für die interessierende Einheit und die Vergleichseinheiten) sowie eine grafische Form der Darstellung des Mittelwertes enthalten (z. B. in Form eines Linien- oder Balkendiagramms; vgl. Abbildung 19). Möglich sind auch Darstellungen in Histogrammen, gestapelten Balkendiagrammen oder an der mittleren Kategorie zentrierte Balkendiagramme (Borg, 2015; Borg & Mastrangelo, 2008; Rassenfoss Johnson, 2006). Hilfreich ist außerdem die grafische Aufführung der Antworthäufigkeiten pro Antwortoption in Prozentangaben bzw. in Form eines gestapelten Balkendiagramms (z. B. 21 % der Befragten kreuzten Option 1 an, 34 % der Befragten kreuzten Option 2 an usw.).

Unter Umständen kann es sinnvoll sein, bestimmte Module des Fragebogens zu *Indizes* zusammenzufassen. Je nach inhaltlichem Befragungsmodell (siehe dazu Abschnitt 2.3) werden hierbei verschiedene Items mit inhaltlicher Passung zusammengefasst berichtet (Müller, Straatmann et al., 2007). Klassisch ist z. B. ein Gesamtzufriedenheitsindex, ein Verbundenheitsindex, der verschiedene Items aus dem Bereich Commitment zusammenfasst, oder auch ein Engagement-Index, der ein Bild des Engagements der Mitarbeitenden als wichtige Zielvariable der MAB wiedergibt (Borg, 2015). Hierbei ist zu berücksichtigen, dass stets mit angegeben werden sollte, welche Items genau in den Index mit eingeflossen sind. Auch für Indizes sollte das Reporting die Anzahl der Antworten, Mittelwerte (numerisch und grafisch) sowie (wenn verfügbar) die Darstellung von Jahresvergleichen umfassen.

Als weitere Option kann ein Standardbericht auch die Darstellung *markanter Einzelergebnisse* enthalten. Dafür wird eine bestimmte Anzahl an Items (z. B. drei oder vier Items) mit der höchsten Zustimmung und mit der geringsten Zustimmung des gesamten Fragebogens gesondert aufgeführt. Auch für diese Items sollten die Ergebnisse numerisch und in grafischer Form (z. B. Linien- oder Balkendiagramm) berichtet werden.

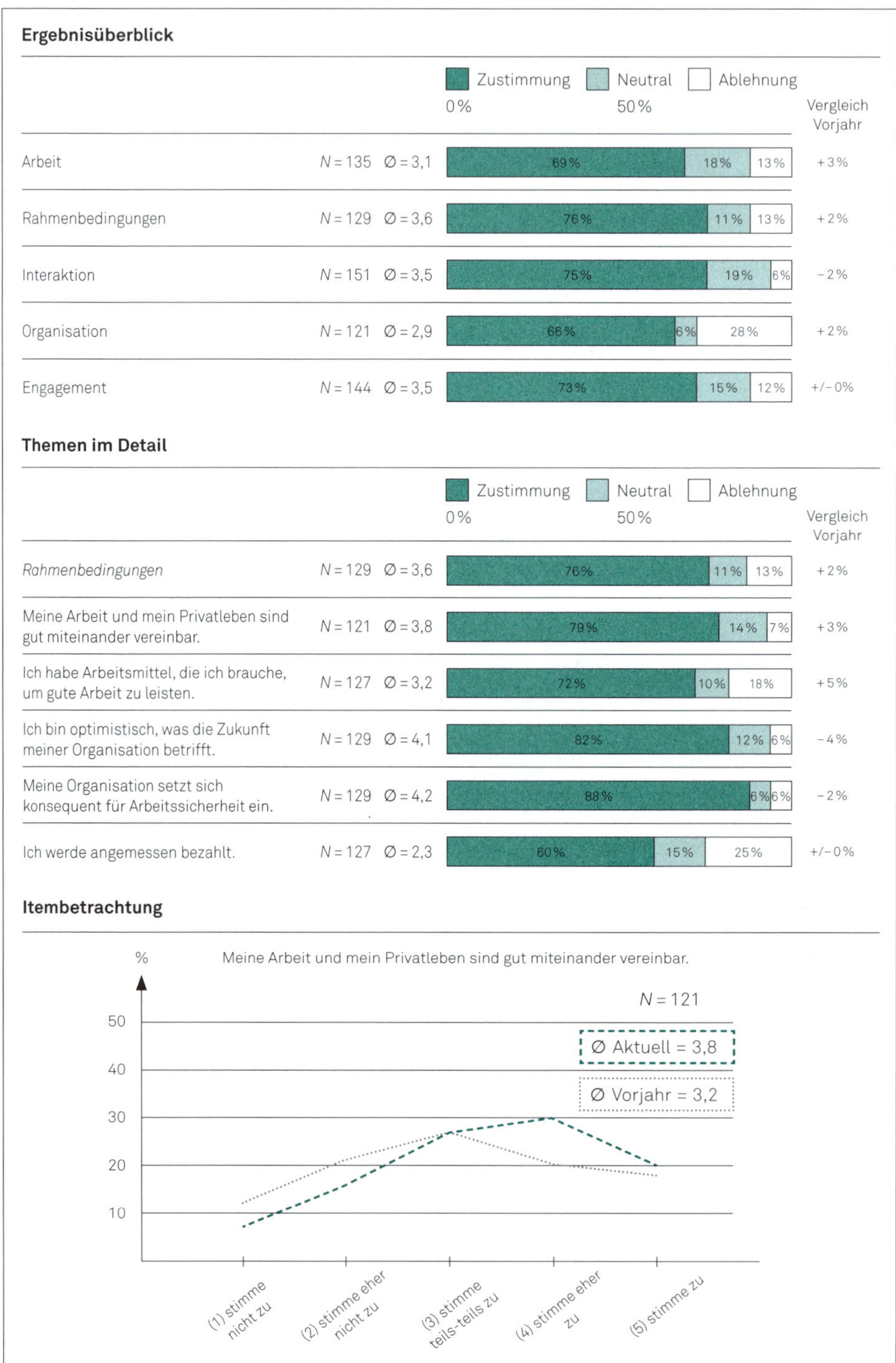

Abbildung 19: Beispielhafte Darstellung der Ergebnisse

Wurden für einzelne Themenbereiche bzw. übergeordnete Module des Fragebogens zusätzlich zur Bewertung auch Aspekte des Verbesserungsbedarfes (z. B. „Wie hoch beurteilen Sie den Verbesserungsbedarf zum Themenbereich Arbeitsorganisation?") abgefragt, so bietet sich zusätzlich die Darstellung eines *Handlungsportfolios* (Madukanya, 2007; siehe auch Abbildung 20) an. Dieses umfasst eine Matrixdarstellung der Bewertung der Themenfelder (x-Achse) und des Handlungsbedarfs im jeweiligen Themenfeld (y-Achse). Der Durchschnittswert der Bewertung der Themenfelder über alle Mitarbeitenden der jeweiligen Einheit hinweg ist als vertikale Linie durch das Handlungsportfolio dargestellt. Eine horizontale Linie durch das Portfolio stellt den Durchschnittswert aller Fragen zum Verbesserungsbedarf dar. Damit ergeben sich innerhalb des Portfolios vier Quadranten, welche optimalerweise auch farblich hervorgehoben werden sollten. Zusätzlich besteht die Option, in der Portfoliodarstellung Jahresvergleiche zu integrieren, indem die Datenpunkte z. B. mit unterschiedlichen Farben oder Formen belegt werden (Madukanya, 2007). Es ist zu beachten, dass die Darstellung in Form eines Portfolios häufig erklärungsbedürftig ist. Daher sollte ein Standardbericht unbedingt eine Erläuterung der einzelnen Quadranten sowie ihrer Handlungsimplikationen beinhalten.

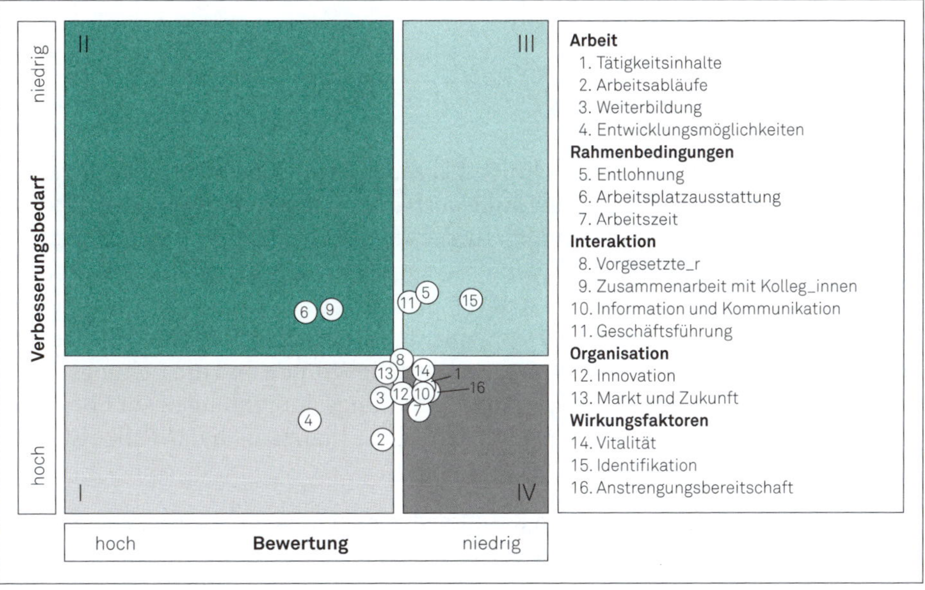

Abbildung 20: Portfolio zum Handlungsbedarf (in Anlehnung an Madukanya, 2007)

Als letzten Teil sollte der Standardbericht die Darstellung der *Detailergebnisse*, also die Ergebnisse zu jedem einzelnen Item des Fragebogens für die entsprechende Auswertungseinheit umfassen. Dabei bietet es sich an, die Ergebnisse inhaltlich zusammengehörender Items als Blöcke darzustellen und die Reihenfolge an der Reihenfolge des Fragebogens zu orientieren. Ähnlich wie in der Darstellung der zusammengefassten Ergebnisse sollten jeweils die Anzahl der Antworten, die Mittelwerte numerisch und als grafische Darstellung, sowie darüber hinaus die Häufigkeiten der Antworten in Prozentangaben aufgeführt werden.

Sind die Berichte erstellt und für den Versand bereit, so stellt sich die wichtige Frage, *wer welche Berichte zu sehen bekommen* sollte. In Bezug auf diese Frage sind unterschiedliche Szenarien denkbar. Zunächst sollte im Rahmen der Workshops im Folgeprozess jedes Team bzw. jede auszuwertende Einheit die eigenen Ergebnisse sehen (im Sinne des Schlagwortes „Die Ergebnisse gehören denjenigen Personen, die sie produziert haben"). Übergeordnete Vorgesetzte verschiedener Teams können darüber hinaus die Ergebnisberichte aller ihnen zugeordneten Führungskräfte zu sehen bekommen, und dieses Prinzip kann durch die Hierarchie einer Organisation fortgeführt werden. Borg (2015) formuliert als Regel, dass dabei nur Personen Vergleiche von Einheiten sehen, die für diese Einheiten direkt zuständig sind. Eine Ausnahme stellt dabei die Leitungsebene dar, da diese für die gesamte Organisation in der Verantwortung steht. Grundsätzlich ist dabei aber zu berücksichtigen, dass die Ergebnisse immer auch in einem dialogischen Format besprochen und Hintergründe und mögliche Ursachen für möglicherweise auffällige Ergebnisse im direkten Gespräch zwischen über- und untergeordneter Führungskraft thematisiert werden sollten.

Weitere Formen des Reportings

Das Standardreporting wird zunehmend ergänzt und auf höheren Führungsebenen durch den Einsatz von *Online-Dashboards* mit direkter Anbindung an entsprechende Datenbanken und vielfältigen Anpassungsmöglichkeiten ersetzt (Werther & Woschée, 2018). So können Ergebnisse aggregiert und längsschnittlich sowie nach bestimmten Kriterien differenziert („drill down"; Resnick, 2003) verglichen werden. Zusätzlich zum Standardreporting der Ergebnisse einer MAB sollten im Rahmen des *Executive Reportings* an die Steuerungsgruppe und die Leitungsebene weiterführende statistische Analysen und Handlungsempfehlungen auf Ebene der gesamten Organisation präsentiert werden (siehe hierzu auch das Fallbeispiel in Abschnitt 5.3.2).

Von besonderem Interesse sind im Rahmen des Executive Reportings sogenannte *Treiberanalysen*. Diesen Analysen liegt als Idee zugrunde, für bestimmte Kriterien bzw. Zielvariablen (abhängige Variablen) die wichtigsten Einflussvariablen (unabhängige Variablen) zu identifizieren (Borg, 2015; Bungard, Niethammer et al., 2007), um damit z. B. eine Aussage darüber treffen zu können, welche Variable im Sinne einer möglichen „Stellschraube" beispielsweise das Commitment oder das Engagement von Mitarbeitenden am stärksten beeinflusst. Im Sinne einer Kausalität sind reine querschnittliche Zusammenhänge jedoch nicht zu interpretieren. Des Weiteren können auf Basis von Multidimensionaler Skalierung (MDS) *Treiberlandkarten* entwickelt werden. Diese können auch mit unterschiedlich großen oder unterschiedlich farbigen Kreisen dargestellt werden (Bubble Plot), um gleichzeitig zusätzliche Informationen wie die Bewertung oder den Handlungsbedarf zu transportieren.

Ein besonderes zusätzliches Element des Executive Reportings stellt die Auswertung der Ergebnisse einer *Prognosebefragung* dar, bei der die Leitungsebene, Steuerungsgruppe oder Mitarbeitendenvertretung im Vorfeld Einschätzungen zu den voraussichtlichen Ergebnissen der Fragemodule abgeben. Dieses Vorgehen kann zum einen die Auseinandersetzung mit und das Interesse an der Befragung fördern und gleichzeitig üblichen Tendenzen eines Rückschaufehlers (Christensen-Szalanski & Willham, 1991) entgegenwirken.

Viele Organisationen vergleichen ihre Befragungsergebnisse, um die Ergebnisse einordnen und besser interpretieren zu können (Borg, 2015). Bracken (1992) definiert in diesem Zusammenhang *Benchmarking* als systematischen Vergleich bestimmter Aspekte einer Organisation mit einer anderen Organisation, die als in diesem Bereich führend gilt. Dabei lässt sich das Benchmarking im Rahmen der MAB in unterschiedliche Ansätze unterscheiden, z. B. normorientiertes und „Best-in-class"- Benchmarking (Müller, Straatmann et al., 2007) sowie Item- und Index-Benchmarking (Borg & Mastrangelo, 2008; siehe auch Abschnitt 5.2.1). Weiterhin lassen sich anhand der Quellen interne und externe Benchmarks unterscheiden. Interne Benchmark-Daten sind dabei am einfachsten verfügbar und werden nach den Ergebnissen von Frieg und Hossiep (2018) auch am häufigsten verwendet. Dabei können unterschiedliche *interne Vergleiche* genutzt werden (vgl. Macey & Eldridge, 2006; Müller, Straatmann et al., 2007), beispielsweise bieten Aufwärtsvergleiche mit höheren Organisationseinheiten und der Gesamtorganisation in den Ergebnisberichten eine gute Möglichkeit, die Ergebnisse in den Kontext der Organisation einzuordnen. Laterale Vergleiche zwischen Organisationseinheiten und auch Übersichten über die Ergebnisse von untergeordneten Bereichen können weitere Orientierung im Sinne der Identifikation von „Best Practices" geben. Andererseits können die entsprechenden Rankings und Heatmaps auch kontraproduktive interne Wettbewerbshaltungen befördern (Müller, Bungard et al., 2007). *Externe Benchmarks* dienen dazu, die organisationalen Ergebnisse im Wettbewerbsvergleich mit anderen Organisationen einordnen zu können. Dabei gibt es unterschiedliche Wege, um Zugriff auf entsprechende Benchmark-Daten zu bekommen (vgl. auch Bruder & Gehring, 2016; Macey & Eldridge, 2006), wobei die Qualität der Vergleichbarkeit stets beachtet werden sollte.

Im Kontext der Auswertung der MAB ist es naheliegend, die Beziehungen innerhalb der Variablen der MAB, aber auch Beziehungen zu externen Kennzahlen zu untersuchen. Die oben aufgeführten Treiberanalysen fokussieren in der Regel auf Zusammenhänge zwischen Variablen innerhalb der durch die MAB erhobenen Daten (Borg, 2015; Müller, Bungard et al., 2007).

Linkage-Analysen (Parkington & Schneider, 1979; Schneider, 1973) gehen einen Schritt weiter und verknüpfen die MAB-Daten mit Kennzahlen aus anderen Erhebungen und Systemen. Die Daten umfassen z. B. HR-bezogene Kennzahlen

(Fluktuation, Krankenrate, Leistungsdaten) oder geschäftsbezogene Daten (Qualitätsindikatoren, Produktivitätsindikatoren, Kund_innenzufriedenheit, Durchlaufzeiten, Marktanteile). Die der Linkage-Analyse zugrundeliegenden statistischen Auswertungsverfahren sind in vielen Fällen ähnlich zu klassischen Treiberanalysen und sehr vielfältig: bivariate Korrelationen, Regressionen (Cohen & Cohen, 1983), Dominanz-Analysen (Azen & Budescu, 2006; Budescu, 1993), Analysen relativer Wichtigkeiten (Lundby & Johnson, 2006), Pfadanalysen und Strukturgleichungsmodellierungen (z.B. Schneider et al., 1998), Cluster-Analysen (Kempen et al., 2019), Multi-Level-Analysen (Klein & Kozlowski, 2000) sowie Partial-Least-Squares-Verfahren (Henseler et al., 2009).

Ein besonderes Problem bei Linkage-Analysen ist die Integration der unterschiedlichen Daten. Diese Problematik besteht dann häufig darin, dass die Daten in anderen Systemen in einer anderen Struktur (z.B. Verkaufsgebiete betreffend, produktbezogen) oder auf anderer Aggregationsebene vorliegen (z.B. in Form von Zusammenfassungen größerer Einheiten). Hierbei gilt: Je niedriger das Aggregationsniveau, desto höher die Fallzahl und desto aussagekräftiger sind die Analysen. Zudem sei für die level-übergreifende Interpretation entsprechender Datenanalysen auf die grundlegende Problematik von ökologischen Fehlschlüssen (ecological fallacy) hingewiesen (z.B. Hofmann, 2004). So bedeuten beispielsweise gefundene Zusammenhänge zwischen Arbeitszufriedenheit und Fehlzeiten auf Gruppenebene nicht, dass sich diese Zusammenhänge auch auf Individualebene finden und so interpretieren lassen.

4.2.3 Internationale Aspekte in der Durchführungsphase

Bei der Durchführung multinationaler Befragungen ergibt sich zunächst eine Reihe logistischer Herausforderungen, die in besonderem Maße beachtet und auch im Zeitplan mitgedacht werden sollte. Dies sind zunächst eher banale Aspekte wie die Dauer der Versandzeit, die Sicherstellung richtiger Adressformate (Müller & Metzger, 2010) und Frankierung (Johnson, 1996). Im Kontext *papierbasierter Erhebung* sind mögliche Zollprobleme und dadurch bedingte zeitliche Verzögerungen von Zu- und Rücksendungen in der Zeitplanung zu berücksichtigen (Müller, Bungard et al., 2007). Ferner muss das globale Projektteam in der Planung der Erhebung in enger Abstimmung mit den jeweiligen lokalen Verantwortlichen und Koordinator_innen eine gute Einschätzung des logistischen Aufwands und der infrastrukturellen Besonderheiten bestimmter Länder erhalten (Müller & Reinmuth, 2005). Bei multinationalen Erhebungen erweist es sich in der Regel als am effizientesten, die Materialien zu den lokalen Koordinator_innen in den entsprechenden Ländern zu schicken und die Verteilung und das Ausfüllen lokal zu organisieren. Ein ähnliches Vorgehen ist für das Rücksenden der ausgefüllten Fragebögen zur Auswertung zu empfehlen (Johnson, 1996). Hier sollte die Sammlung erst lokal erfolgen und die gesammelten Fragebögen dann in gebündelten Paketen an die Auswertungsinstanz versendet werden.

In Bezug auf die Auswertung der Ergebnisse und das Reporting sind zunächst weitere Ressourcen und Zeit für z. B. das Handling unterschiedlicher Sprachvarianten und verschiedensprachiger offener Kommentare zu veranschlagen (Fenlason & Suckow-Zimberg, 2006). Die zentrale Frage in der Auswertung der Ergebnisse bezieht sich jedoch auf die *Vergleichbarkeit der Befragungsergebnisse* aus verschiedenen Ländern und Kulturen. In der Tat zeigen in der Forschung größere Studien zu arbeitsbezogenen Einstellungen häufig Mittelwertsunterschiede zwischen Ländern (z. B. De Boer, 1978; Sousa-Poza & Sousa-Poza, 2000). Aber auch in der organisationalen Praxis stellt sich nicht selten die Frage, ob Befragungsdaten aus verschiedenen Ländern überhaupt miteinander verglichen werden können bzw. ob der Grad der Zustimmung oder Bewertung kulturell beeinflusst ist. Die Frage erscheint im Prinzip einfach, ist jedoch insgesamt recht komplex. Mittelwertsunterschiede zwischen Befragten aus verschiedenen Ländern lassen sich potenziell durch eine Vielzahl unterschiedlicher Faktoren begründen (Veenhoven, 2012). Abbildung 21 gibt einen schematischen Überblick über die wichtigsten möglichen Erklärungen für Unterschiede von Befragungsergebnissen.

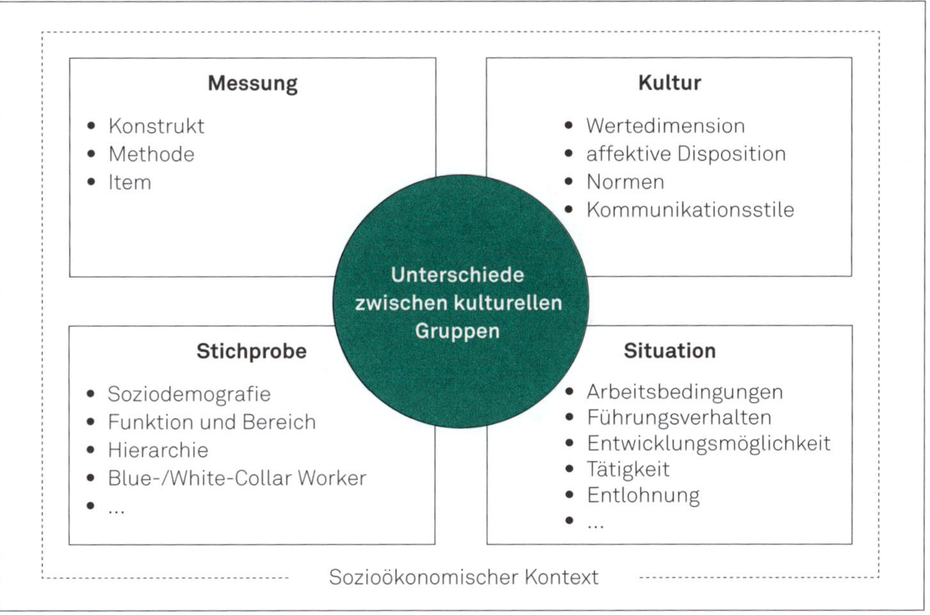

Abbildung 21: Einflüsse interkulturellen Antwortverhaltens

Anhand eines konkreten hypothetischen Beispiels verdeutlicht bedeutet dies, dass höhere Zufriedenheit mit der Arbeitsplatzausstattung von deutschen Mitarbeitenden einer Organisation im Vergleich zu japanischen Mitarbeitenden mindestens die in Abbildung 21 veranschaulichten vier alternativen Erklärungsmöglichkeiten nahelegt: Die in der Praxis naheliegendste Erklärung ist, dass die Arbeitsplatzausstattung im deutschen Standort besser ist als in Japan, d. h., dass die beobachteten

Unterschiede im Grad der Zufriedenheit tatsächliche Unterschiede in den „objektiven" Gegebenheiten vor Ort widerspiegeln. Die Problematik mangelnder Messäquivalenz (d.h. die mangelnde Eignung eines Instruments in unterschiedlichen Kulturen) als Quelle möglicher multinationaler Unterschiede in Befragungsdaten spielt hierbei jedoch eine besondere Rolle. Ebenso sollten auffällige Unterschiede in der Vergleichbarkeit von Stichproben bei der Interpretation der Ergebnisse berücksichtigt werden (z.B. Art der Tätigkeit, gewerblich oder nicht gewerblich etc.). Es ergibt beispielsweise wenig Sinn, deutsche Vertriebsstrukturen mit japanischen Produktionsbetrieben zu vergleichen.

Ein Faktor, der darüber hinaus besondere Beachtung bei der Interpretation von kulturellen Unterschieden finden sollte, ist der Einfluss von kulturellen Faktoren auf das *Antwortverhalten*. Die bisherige interkulturelle Forschung zu der Thematik legt die Existenz entsprechender kultureller Antworttendenzen nahe (z.B. Smith, 2004). Die Untersuchungen von kulturellen Einflüssen auf die Höhe der Zustimmung oder Zufriedenheit konzentrieren sich dabei vor allem auf kulturelle Unterschiede in bestimmten systematischen Antworttendenzen oder auf den Einfluss kultureller Werthaltungen auf das Antwortverhalten. So berichten z.B. Clarke (2000) sowie Marín, Gamba und Marín (1992) von einer Tendenz zu extremeren Antworten in lateinamerikanischen Ländern. Spiegelbildlich berichten andere Studien von einer Tendenz zur Mitte bei japanischen Teilnehmenden (z.B. Chen et al., 1995; Watkins & Cheung, 1995).

Insgesamt ist die Befundlage zum Einfluss kultureller Variablen auf das Antwortverhalten bei Befragungen sehr gemischt (Müller & Reinmuth, 2005), und scheinbar spielen der Kontext und der konkrete Gegenstand der Befragung eine wichtige Rolle. Weiter verkompliziert wird die Tatsache also dadurch, dass der Einfluss kultureller Variablen scheinbar auch von dem Beurteilungsgegenstand (z.B. Smith, 2004) und von dessen Konkretheit abhängt (Diener et al., 2000). Die Konkretheit eines Beurteilungsgegenstandes kann die Stärke kultureller Einflüsse auf das Antwortverhalten moderieren. Hier lässt sich ein Bezug zum „Affect-as-Information-Modell" zur Beurteilung der subjektiven Zufriedenheit von Schwarz und Strack (1991; siehe Abschnitt 2.5) herstellen. Wie in Abschnitt 2.5 beschrieben, haben affektive Einflüsse dem Modell zufolge einen stärkeren Einfluss auf Zufriedenheitsurteile bei abstrakten und globalen Beurteilungsgegenständen im Vergleich zu spezifisch-konkreten Beurteilungsgegenständen (Clore et al., 2001; Schwarz & Strack, 1991). Die Frage „Wie zufrieden sind Sie mit Ihrer EDV-Ausstattung?" ist somit wahrscheinlich weniger anfällig für kulturelle Einflüsse als die Frage „Wie zufrieden sind Sie insgesamt mit ihrer Arbeit?".

Fazit: Als Konsequenz ergibt sich hieraus die Empfehlung, eine hohe Sensibilität bei multinationalen Vergleichen von Befragungsdaten zu entwickeln und eine entsprechende Zurückhaltung bei der inhaltlichen Interpretation von Mittelwertsunterschieden aus verschiedenen Kulturen bzw. Ländern zu zeigen.

Eine ausschließlich inhaltliche Interpretation von Mittelwertsunterschieden im Sinne tatsächlicher Unterschiedlichkeit der Verhältnisse ist zu vermeiden. Vielmehr ist es ratsam, bezüglich der konkreten Inhalte und Items auf nationale Benchmarks oder branchenspezifische nationale Benchmarks zurückzugreifen und die Unterschiede vor dem Hintergrund der Abweichungen zu diesen Benchmarks zu interpretieren. Noch praktikabler und zielführender ist es, die Ergebnisse aus den verschiedenen Ländern insbesondere vor dem Hintergrund der eigenen historischen Werte zu vergleichen und/oder den Fokus mehr auf den Vergleich verschiedener Einheiten innerhalb eines Landes zu richten.

4.2.4 Ausblick

Nutzung mobiler Endgeräte

Im Bereich der MABs ist neben einer verstärkten Durchführung von Online-Befragungen auch eine zunehmende Nutzung von mobilen Endgeräten zu beobachten. Diese ist mit einigen Vorteilen verbunden, die mit den Wörtern „Anywhere", „Anytime" und „Anything" (Disterer & Kleiner, 2014, S. 9) kurz und knapp beschrieben werden können. Vor allem die hohe Orts- und Zeitunabhängigkeit schafft neue Möglichkeiten zum Einsatz von Feedback in Organisationen. So kann zum Beispiel Feedback stärker mit spezifischen Ereignissen verknüpft werden (*Event-based feedback*; Couper, 2005) oder z.B. in Form von Tablets an die Nutzung bestimmter Dienstleistungen oder an die Teilnahme an Veranstaltungen gekoppelt werden. Ferner nutzen mobile Endgeräte häufig das Touchscreen-Verfahren als Standardtechnologie der Dateneingabe, was folglich neue Möglichkeiten der Gestaltung der Interaktion (z.B. Swiping and Tapping; Chen et al., 2014) bietet. Neben den neuen Formen der Interaktionsmöglichkeiten schreitet mit der Nutzung mobiler Endgeräte und höheren Kapazitäten der Datenübertragung und -verarbeitung auch die zunehmende Integration von multimodalen und multimedialen Elementen (Spracheingabe und -ausgabe, Bilder, Audio, Video) in der Datenerhebung und Interaktion mit der Befragung voran (Couper, 2005).

Jedoch sind mit Blick auf die Erhebung mit mobilen Endgeräten einige offene Fragen zu beantworten und Herausforderungen zu meistern. Zum einen stellt sich die Frage, wie die Nutzung von mobilen Geräten im organisationalen Kontext generell gesteigert bzw. sichergestellt werden kann (z.B. „Take this device"; „Choose this device"; „Bring one device" oder „Bring any device"; Disterer & Kleiner, 2014). Die jeweils passende Strategie muss vor dem Hintergrund der organisatorischen Gegebenheiten und existierenden Regelungen (z.B. auch zum Thema Datensicherheit) abgewogen und speziell im Kontext der MAB geprüft werden. Die Befragung selbst muss dann für die Verwendung auf mobilen Endgeräten optimiert werden, indem eine entsprechende Implementierungsvariante der Darstellung der Befragung auf den mobilen Endgeräten gewählt wird.

Neben der passiven und aktiven Nutzung von Browsern haben Apps u.a. Vorteile in Bezug auf die Optimierung der Nutzung, die Verfügbarkeit von Meta- und Paradaten (Couper, 2005), die Offline-Verfügbarkeit sowie die Nutzung von Benachrichtigungsfunktionen (Buskirk & Andrus, 2012). Allerdings verlangen sie die Installation der App auf dem Endgerät, was wiederum eine erhebliche Hürde im Rahmen der MAB darstellt. Absehbar ist aber auch hier der Trend zur Integration von organisationalen Befragungen in einer App in Form eines „individuellen Befragungscenters", über das verschiedene Befragungen gestartet werden können. Alternativ können Befragungen in themenspezifischen Apps (z.B. Onboarding, Gesundheitsmanagement, Corporate News) eingebunden sein.

Auch im Rahmen der Erhebung mit mobilen Endgeräten stellt sich die Frage nach dem Einfluss der Erhebungstechnologie auf das Antwortverhalten. Die Größe des Bildschirms, das Scrolling-Verhalten, die Auflösung, aber auch der örtliche Kontext, in dem mobile Befragungen ausgefüllt werden, sind nur einige Faktoren, die das Antwortverhalten beeinflussen können (siehe z.B. Illingworth et al., 2015).

Das Thema der Erhebungstechnologie wird den Prozess der MAB als Ganzes beeinflussen. Zukünftig wird durch neue Erhebungstechnologien auch im Vorfeld und Nachgang der eigentlichen MAB Feedback auf vielfältige Weise in den MAB-Prozess eingebunden werden. Dies kann z.B. durch die Nutzung von Select Surveys in der Entwicklung des Fragebogens (siehe Abschnitt 5.1.1 für ein Fallbeispiel) oder durch Check-Befragungen zur Wirksamkeit erfolgen (Hodapp, 2007; siehe auch Abschnitt 4.3.3). Darüber hinaus kann eine Einbindung aber auch in Pulsbefragungen (Colihan & Waclawski, 2006) zu zentralen Inhalten der MAB, in Change-Befragungen (Müller et al., 2010; Straatmann et al., 2016) oder in Special Topic Surveys (Jöns & Bungard, 2018) umgesetzt werden. Seitens der Anbieter_innen von MABs bringt diese technische und datenstrukturelle Integration weitere Anforderungen mit sich (siehe hierzu auch Abschnitt 4.1.1).

Automatisierung der Verarbeitung und Auswertung offener Kommentare

Wie in Abschnitt 4.1.2 beschrieben, nimmt die Verwendung offener Kommentare in MABs, aber auch in anderen organisationalen Befragungen, allgemein deutlich zu (Frieg & Hossiep, 2018; Willis Towers Watson, 2017). Diese Entwicklung wird insbesondere durch Fortschritte der teilautomatisierten oder automatisierten Verarbeitung und Auswertung offener Kommentare befördert. In der einfachsten Form können die Kommentare auf verschiedene Organisationseinheiten heruntergebrochen und im Original weitergegeben werden. Wie in Abschnitt 4.1.2 dargelegt, ist dies jedoch mit einer Reihe von Problematiken verbunden.

Die Fortschritte im Bereich der Computerlinguistik, des Text Minings und der Textanalyse (Kulesa & Bishop, 2006) und die damit verbundene teilautomatisierte oder automatisierte Verarbeitung und Auswertung von Texten erleichtern diesen Prozess erheblich. So hat die Technologie der maschinellen Übersetzung z. B. durch „convolutional neural networks" und sehr große Datenmengen erhebliche Fortschritte gemacht (Schmalz, 2019). Auch im Bereich der Klassifizierung bzw. Kategorisierung von offenen Kommentaren (Krippendorff, 2018) gibt es bzgl. der Automatisierung oder Teilautomatisierung beträchtliche Fortschritte, die im Bereich der MAB angewandt werden können.

Vielversprechend sind ebenfalls Machine-Learning-Ansätze, die komplexe Zusammenhänge auf Wort-, Wortgruppen-, Satz- und Kommentarebene erkennen und dann automatisiert oder teilautomatisiert auf Basis des Einsatzes entsprechender Programme und Programmierungen verarbeiten und auswerten können. In der Praxis wird für solche Textanalysen z. B. oft das *latent topic modeling* (Lafferty & Blei, 2009) herangezogen. Beim latent topic modeling werden z. B. bestimmte Themen innerhalb der Kommentare identifiziert, die Kommentare entsprechend klassifiziert und die Häufigkeit der Nennung bestimmter identifizierter Themen quantifiziert. Ferner erlaubt die Methode die Ableitung und Konstruktion bestimmter prototypischer Aussagen, welche die identifizierten Themen und Kategorien exemplarisch beschreiben und repräsentieren. Diese Kategorien und Themen können dann auch mit sogenannten Meta-Daten oder Strukturdaten, z. B. Alter oder Abteilungen, in Beziehung gesetzt werden (sogenanntes *structural topic modeling*; Roberts et al., 2014).

Die Auswertung offener Kommentare kann ferner durch sogenannte *Sentiment-Analysen* angereichert werden (Pang & Lee, 2008). Generell klassifiziert die Sentiment-Analyse die affektive Orientierung subjektiver Inhalte in Textdokumenten. Das heißt konkret, dass Aussagen automatisiert z. B. in die Kategorie „positiv", „negativ" oder „neutral" klassifiziert werden. Die Zuverlässigkeit und die Qualität der maschinellen Übersetzung, Anonymisierung und des Topic Modelings haben soweit zugenommen, dass die automatisierte Textanalyse bei großen Datenmengen eine ernsthaft in Betracht zu ziehende Option geworden ist. Dies führt bereits jetzt zu einer kontinuierlichen Zunahme oder einer Art Renaissance offener Fragen im Rahmen der MAB oder sonstiger organisationaler Befragungen.

HR Analytics

HR Analytics als Begriff und Konzept ist vergleichsweise neu und tauchte in der Literatur erstmals in den frühen 2000er Jahren auf (vgl. Marler & Boudreau, 2017). Wie in Abschnitt 1.6.1 dargelegt, beschreibt HR Analytics im Kern die Bestrebung, wichtige HR-relevante Entscheidungen auf empirischer Datenlage und entsprechenden Analysen zu basieren (Bassi, 2011; Kremer, 2018). Dieses evidenzbasierte Vorgehen soll die Wirkung von HR im Sinne des „business impacts" und der strategischen Bedeutung und Wirkung stärken (Angrave et al., 2016). Hierzu muss es zunächst gelingen, entsprechend relevante Daten zu sammeln, diese zu speichern, sinnvolle Fragestellungen zu generieren, die Daten entsprechend miteinander zu vernetzen und zielgerichtet in Bezug auf die Fragestellung zu analysieren. Die Ergebnisse sollen somit wichtige neue Erkenntnisse bezüglich klassischer HR-bezogener Zielvariablen wie z. B. Fluktuation, Fehlzeiten, Leistung, Qualität etc. geben. Typische Anwendungen finden sich in den Bereichen Personalplanung, Recruiting, Talentmanagement, Performance Management oder Onboarding. Oft wird im Kontext von HR Analytics der besondere Bezug zu organisationalen Leistungsindikatoren der Gesamtorganisation betont (Marler & Boudreau, 2017).

Die zugrundeliegenden Daten umfassen dabei nicht nur personalbezogene Daten, sondern auch Daten aus anderen Funktionsbereichen oder auch externe Datenquellen außerhalb der Organisation (Marler & Boudreau, 2017). Entsprechend ist das Thema HR Analytics stark mit IT-Aspekten und entsprechenden Systemen assoziiert, da diese den Kern der Datensammlung und -integration darstellen. Diese Assoziation von HR Analytics mit der Sammlung, Integration und des Reportings einer größeren Menge von Daten („Big Data") wird zunehmend angereichert um komplexe Auswertungsstrategien und konfigurale Modellierungen. Diese können prädiktiven oder longitudinalen Charakter haben und dienen der zielgerichteten Auswertung dieser Daten einschließlich entsprechender Visualisierungen („Smart Data"; Angrave et al., 2016; Marler & Boudreau, 2017). Hierbei muss die Bedeutung und Relevanz bestimmter Daten ermittelt und die Kosten-/Nutzenrelation der Sammlung, Speicherung und Integration abgewogen werden (Pape, 2016).

Allerdings stehen die ambitionierten Absichten eines HR-Analytics-Ansatzes in vielen Organisationen großen *Herausforderungen* gegenüber, die den Einsatz und den Nutzen von HR Analytics limitieren, aber auch die Nutzung und Vernetzung mit den MAB-Ergebnissen einschränken. Hierzu zählen die aufwendige Pflege dieser Datensysteme und das Fehlen relevanter Daten (z. B. Absatzzahlen, Fehlzeiten, Finanzkennzahlen, Kund_innenzufriedenheit, Durchlaufzeiten, Qualitätskennwerte, IT-Nutzer_innendaten, Mediennutzung etc. in anderen internen oder externen Datensystemen). In Bezug auf die Daten der MAB ist es aus der HR-Analytics-Perspektive wichtig, die entsprechenden Daten in den „Survey-Datensysteme" langfristig zu sammeln, zu hinterlegen und entsprechende Anpassungen an sich verändernde Strukturen der Daten vorzunehmen.

Neben der entsprechenden IT-Befähigung gestaltet sich in der Regel aber auch die Integration der Daten selbst und deren sinnvolle Nutzung schwierig. Dies liegt häufig darin begründet, dass die Daten auf unterschiedlichen Aggregationsniveaus vorliegen, also z. B. auf Zusammenfassungen von Daten unterschiedlicher Hierarchiestufen beruhen. Damit verbunden ist die Herausforderung, dass die Datenfreigabe und -integration häufig von den Zuständigkeiten unterschiedlicher Fachabteilungen bestimmt wird und auch Aspekte des Datenschutzes und ethische Fragen immer wieder adressiert werden müssen.

Die erfolgreiche Umsetzung und Nutzung von HR Analytics im Kontext von MABs hängt neben der technologischen und datenstrukturellen Etablierung auch von den verfügbaren *Kompetenzen* innerhalb der Organisation ab. Hierzu gehören entsprechende statistische Kompetenzen aufseiten des HR innerhalb der Organisation (Boudreau et al., 2019; Kremer, 2018; Marler & Boudreau, 2017). Angrave und Kolleg_innen (2016) weisen in diesem Zusammenhang darauf hin, dass das Potenzial von HR Analytics häufig unzureichend ausgeschöpft wird. Der eigentliche Mehrwert entsteht durch längsschnittliche und komplexe Wirkungs- und Prognosemodelle, welche in kontinuierliche Steuerungs- und Entscheidungsprozesse integriert sind (Angrave et al., 2016; Levenson, 2013). Es reicht somit nicht aus, die Ergebnisse in Form von Ampelübersichten oder Ranglisten darzustellen, sondern die Daten müssen stärker auf Basis inhaltlicher Kenntnisse in Ursache-Wirkungszusammenhänge gebracht werden, um einen wirklichen Nutzen zu stiften und verlässliche Vorhersagen zu erlauben. Somit ist die Fähigkeit zur Ableitung und Formulierung inhaltlich sinnvoller Fragestellungen mit Relevanz für organisationale Entscheidungen und strategische Steuerung im Kontext von HR Analytics besonders wichtig (Angrave et al., 2016). Hierbei ist ein Verständnis für operative Geschäftsprozesse und strategische Herausforderungen von besonderer und zunehmender Bedeutung (Rasmussen & Ulrich, 2015). Im Kontext dieses Kompetenzaufbaus können sowohl Kooperationen mit Inhaltsexpert_innen und wissenschaftlichen Berater_innen als auch der Aufbau spezifischer Abteilungen für HR Analytics in größeren Organisationen eine wichtige Rolle spielen.

4.3 Folgephase

Der Folgeprozess der MAB spielt eine zentrale Rolle im Gesamtprozess. Er baut auf der in Abschnitt 1.4.1 beschriebenen Diagnosefunktion auf und ist ein essenzielles Element der systemischen Funktion und der Interventionsfunktion der MAB. Entsprechend ist der Erfolg im Sinne der Wirksamkeit der MAB stark von einer gelungenen Nutzung der MAB-Ergebnisse in der Folgephase abhängig. Wesentliche Aspekte der Folgephase im Sinne der systemischen Funktion und der Interventionsfunktion der MAB sollen in diesem Abschnitt beleuchtet werden. Dabei gilt es, sich stets bewusst zu sein, dass für eine ausreichende Befähigung und Unterstützung der beteiligten Akteur_innen in der Umsetzung der Folgephase zu sorgen ist, um eine Wirksamkeit der MAB in der Fläche sicherzustellen (siehe Abschnitt 4.1.3 zur Befähigung).

4.3.1 Systemische Funktion

Im Sinne der systemischen Funktion einer MAB geht es darum, die Ergebnisse der MAB weiterführend in andere Steuerungsinstrumente, Prozesse und Systeme der Organisation einzubetten und über den Prozess der MAB hinaus in der Organisation zu nutzen. Eine systemische Einbettung der MAB ist insbesondere dann wirkungsvoll, wenn die MAB regelmäßig durchgeführt wird und so fortlaufend Orientierungs-, Steuerungs- und Reportingfunktionen erfüllen kann.

In Bezug auf die *Orientierungsfunktion* spielt das interne und externe Benchmarking sowie die Betrachtung der Ergebnisse im Zeitverlauf, die Vernetzung mit anderen Kennzahlen und die Prognose von Entwicklungen (siehe Abschnitt 4.2.2) auf Ebene der zentralen Steuerung der Organisation eine wichtige Rolle. Darüber hinaus können bestimmte Prozesse, Programme, Aktivitäten oder Initiativen bewertet werden. Diese diagnostische Information aus der MAB kann somit Teil eines systemischen Umsetzungs- und Wirkungscontrollings oder die Grundlage von Optimierungsinitiativen sein.

Im Sinne der *Steuerungsfunktion* können die Daten der MAB für Ziel- und Bonussysteme der Organisation genutzt werden, um beispielsweise Leistungsbeurteilungen von Führungskräften, Balanced Scorecards (BSC) und Key Performance Indicators (KPI) durch mitarbeitendenbezogene Aspekte zu erweitern (Linke, 2018; Stephany et al., 2012). In anderen Fällen werden die Ergebnisse als Kennzahlen für bestimmte Bonuszahlungen oder Incentivierungen von Führungskräften genutzt (Liebig, 2006; Linke, 2018). Neben direkten Ergebnissen aus der MAB ist es auch nicht unüblich, dass es finanzielle Anreize für erreichte Rücklaufraten in eigenen Verantwortungsbereichen der Führungskraft gibt. Neben dem Fokus auf den Befragungsprozess können Kennzahlen aus dem Folgeprozess abgeleitet werden, wie z. B. zur Workshop-Durchführung, zur Anzahl abgeleiteter und umgesetzter Maßnahmen oder zu den Ergebnissen der Check-Befragung. Eine solche Orientierung kann dann wiederum einen Motivator für ein stärkeres Engagement in der Folgephase darstellen. Während oft ein Bezug zu Kennzahlensystemen für Führungskräfte gesehen wird, ist es im Sinne der Entwicklung hin zu stärkeren Teamstrukturen und flacheren Hierarchien auch denkbar, dass Kennzahlen aus der MAB für teambezogene Systeme genutzt werden.

In diesem Zusammenhang gilt es zu prüfen, auf welcher Ebene der Organisation welche Kennzahlen aus der MAB durch die Führungskräfte als möglichst mittelbar beeinflussbar angesehen werden können. Eine Kennzahl wie beispielsweise das organisationale Commitment (Verbundenheit) oder das Engagement der Mitarbeitenden wird durch viele Aspekte in der Organisation beeinflusst, wobei neben lokalen Einflussfaktoren insbesondere auch organisationale Faktoren (z. B. der Ruf der Organisation, Zukunftsaussichten, Identifikation mit der Strategie und Vision, Vertrauen in die Leitung der Organisation) eine Rolle spielen. Bei einer solchen Kennzahl ist die Beeinflussbarkeit auf lokaler Ebene eher eingeschränkt. Hier liegen die Beeinflussbarkeit und Entscheidungsbefugnisse durch den größeren Hebel eher auf höheren Führungsebenen der Organisation (vgl. Linke, 2018). Anders ist die Situation bei Kennzahlen wie der Zufriedenheit mit der Zusammenarbeit im Team oder mit der Führungskraft. Bei diesen Kennzahlen sind der lokale Bezug und die entsprechende lokale Beeinflussbarkeit klar gegeben. Solche Kennzahlen eignen sich entsprechend auf unteren Ebenen der Organisation, während die gleiche Kennzahl als aggregierter Wert über verschiedene Bereiche hinweg wiederum auf höheren Ebenen der Organisation eher schwierig zu beeinflussen wäre.

Neben der Kennzahl ist auch entscheidend, wie und ob die Ziele mit den Mittelwerten oder Veränderungen der Mittelwerte konzeptuell verbunden sind. Wird also ein Wert ab XX belohnt, oder wird eine Verbesserung von XX vorausgesetzt? Oder gibt es eine kombinierte Regelung? Zudem sollte auch beachtet werden, dass entsprechende Systeme auch in Bezug auf mögliche Auswirkungen im Sinne der Zunahme von unerwünschten Verhaltensweisen wie strategischem Antwortverhalten, Faking oder Careless Responding (siehe Abschnitte 2.5 und 4.2.2) betrachtet werden müssen.

Für die systemische Einbettung der MAB-Ergebnisse im Sinne der *Reportingfunktion* gibt es eine zunehmende Nachfrage. Dabei haben mitarbeitendenbezogene Kennzahlen im Reporting durchaus schon eine längere gemeinsame Vergangenheit. So hatten und haben mitarbeitendenbezogene Kennzahlen im Rahmen von Qualitätsmanagementsystemen des Total Quality Management eine zentrale Funktion und können direkt aus der MAB abgeleitet werden (Mühlbacher et al., 2003; Yusof & Aspinwall, 2000). Darüber hinaus kann die MAB für das interne Reporting zum Beispiel wichtige Kennzahlen und Impulse für das Betriebliche Gesundheitsmanagement (BGM) liefern. So können aus den Daten der MAB Hinweise und Kennzahlen in Bezug auf Belastungsquellen oder das Wohlbefinden ermittelt werden (Nieder, 2013). Mittels der MAB-Ergebnisse lässt sich so ein Monitoring und auch eine Dokumentation der Wirkung und Maßnahmen des BGM etablieren. Zudem können die Ergebnisse selbst auch wieder Auslöser für weitere Initiativen oder Ausrichtungen des BGM liefern. Entsprechend wird dem Grundgedanken Rechnung getragen, dass die Beteiligung der Mitarbeitenden als Expert_innen ihrer Arbeitssituation ein wesentlicher Erfolgsfaktor des BGM ist. In ähnlicher Weise kann die MAB wertvolle Kennzahlen für das Employer Branding liefern (Müller, König et al., 2018). So können aus einer entsprechend gestalteten MAB Hinweise auf Stärken und Schwächen des Arbeitgebenden aus Sicht der Mitarbeitenden gewonnen werden. Auch lassen sich spezifische Stärken-Schwächen-Profile aus Sicht unterschiedlicher Beschäftigungsbereiche oder Funktionen in der Organisation ableiten. Entsprechende Informationen bilden die Basis für ein authentisches Employer Branding (Müller, Fauth et al., 2011).

4.3.2 Interventionsfunktion

Zentraler Fokus der Interventionsfunktionen ist, dass die MAB und insbesondere die Befragungsergebnisse im Sinne eines Dialogs in der Organisation genutzt werden. Über die Teilfunktionen der Botschafts-, Verbesserungs- und Kulturfunktion kann die MAB sowohl unmittelbar als auch mittelbar Veränderungen in der Organisation bewirken (siehe Abschnitt 3.1).

Um das Momentum der MAB und ihrer Ergebnisse effektiv in der Folgephase zu nutzen, ist es wichtig, dass die vorgesehenen Prozesse des Umgangs mit den Ergebnissen und die Verantwortlichkeiten eindeutig und transparent geplant und kommuniziert werden. Außerdem sollten entsprechende Ressourcen und Möglichkeiten für Maßnahmenableitung und -umsetzung zur Verfügung gestellt werden. Ein klares Zeichen kann beispielsweise dadurch gesetzt werden, dass Budgets für die Maßnahmen auch auf dezentraler Ebene zur Verfügung gestellt werden. Weiterhin ist darauf zu achten, dass die Organisation auf Basis der Befragungsergebnisse zügig ins Handeln kommt und sich der Schwung der Befragung nicht in einer Paralyse immer feinerer und komplexerer Datenanalysen verliert (Borg, 2015). Gerade für die Ableitung erster Handlungsbereiche und Implikationen reichen auch oft pragmatische grobe Überblicke aus. Entsprechend wird eine schnelle erste Rückmeldung ermöglicht, der dann auch vertiefte Auswertungen und Konkretisierungen der Implikationen folgen können. Für den generellen Ablauf der Folgephase im Sinne der Interventionsfunktion gibt es unterschiedliche Ansätze (siehe Abbildung 22).

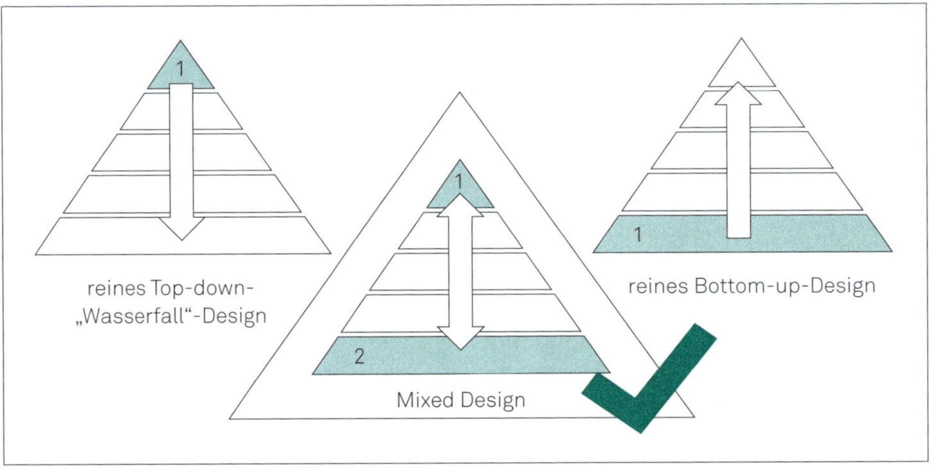

Abbildung 22: Grundsätzliche Ansätze im Folgeprozess (in Anlehnung an Niethammer & Müller, 2007)

Nach der klassischen Konzeption des Survey-Feedbacks (z.B. Likert, 1961, 1967; Mann, 1961) wird das „Wasserfall“-Design bzw. ein *Top-down-Ansatz* empfohlen. Dabei beginnt die Folgephase auf der Ebene der Organisationsleitung und setzt sich dann entsprechend der Hierarchie der Organisation kaskadisch so fort, dass jede Führungskraft zunächst in der Funktion als Teilnehmende an einem Workshop teilnimmt und dann als Ausrichtende mit dem eigenen Team einen Workshop durchführt. Die Leitung der Organisation zieht auf Basis der Befragungsergebnisse Rückschlüsse aus den Ergebnissen für die Gesamtorganisation und für übergreifende Einheiten.

Dabei gibt es insbesondere vier generelle Handlungsoptionen: So können auf Basis der Ergebnisse der MAB zum einen direkt neue (übergreifende) Maßnahmen initiiert werden, zum anderen können bestehende Maßnahmen an den Ergebnissen ausgerichtet und durch die Ergebnisse gestärkt werden. Weiterhin besteht die Möglichkeit, bestimmte Handlungsfelder als Fokusthemen für die Arbeit im dezentralen Folgeprozess vorzugeben. Und zu guter Letzt können sich auch Themen ergeben, bei denen (aktuell) keine Handlungsmöglichkeiten gesehen werden. Unabhängig von der Reaktion ist es entscheidend, dass deutlich kommuniziert wird, was aus den Ergebnissen abgeleitet wurde und welchen Hintergrund die entsprechenden Reaktionen haben. Zudem ist es nach Church und Waclawski (2017) im Rahmen der Folgephase besonders wichtig, dass von der Leitungsebene ein klares Bekenntnis zur Veränderung („Commitment to Action") ausgesendet wird, um eine entsprechende Energie und Ausrichtung auch in der Gesamtorganisation auszulösen.

Dem Top-down-Ansatz gegenüber steht der *Bottom-up-Ansatz*, nach dem zunächst diejenigen mit den Ergebnissen arbeiten sollen, die diese produziert haben. Entsprechend startet der Prozess auf der Ebene der Mitarbeitenden und wird dann „nach oben" fortgesetzt, wobei lokale Lösungen direkt umgesetzt und solche Handlungsfelder eskaliert werden, bei denen Entscheidungen oder Ressourcen auf höherer Ebene benötigt werden. Dabei sollten die Workshops auf dem „lowest level possible" (Edwards et al., 1997, S. 144), also im Idealfall in den regulären Arbeitsgruppen und Teams, durchgeführt werden.

Nicht selten sind Top-down-Ansätze mit Verzögerungen im Ablauf konfrontiert, da der nächste Workshop immer von der Durchführung des Workshops auf der höheren Ebene abhängig ist (Borg & Zimmermann, 2006). Gleichzeitig ist bei Bottom-up-Ansätzen häufig eine abgestimmte Vorgehensweise und strategische Zusammenführung kaum bzw. schwer zu gewährleisten (Borg, 2003). Die Workshops auf den unteren Ebenen finden meist noch relativ konsequent statt, die Aufarbeitung der Ergebnisse dieser Workshops in übergeordneten Organisationsstrukturen (Business Units, Standorten, Divisions) wird häufig nicht konsequent fortgeführt und entsprechend versandet der Prozess häufig in der Eskalation „nach oben".

In der Praxis hat sich daher zunehmend ein *integrierter Ansatz* im Sinne eines Mixed Designs etabliert (Niethammer & Müller, 2007). Der integrierte Ansatz berücksichtigt dabei wie der Top-down-Ansatz die hierarchische Struktur in den Organisationen und startet auf der Ebene der Organisationsleitung. Hier werden übergreifende Handlungsfelder für die Gesamtorganisation festgelegt. Diese übergreifenden Handlungsfelder werden dann innerhalb der Organisation „top-down" durch entsprechende Fachabteilungen, Arbeitsgruppen oder/und als Fokusthemen in den dezentralen Workshops weiterbearbeitet. Die dezentralen Workshops finden parallel auf den unteren Ebenen ähnlich dem Bottom-up-Ansatz statt und haben den Fokus auf lokalen Verbesserungen und der lokalen Diskussion übergeordneter Themen. Wichtig ist, dass es im Anschluss an die dezentralen Workshops weitere Prozesse gibt, in denen Themen bzw. Maßnahmenvorschläge aus den dezentralen Workshops weiterbearbeitet werden, die sich auf lokaler Ebene ohne Einbindung höherer Ebene nicht umsetzen ließen. Im Rahmen dieser Rückkopplungsschleife kommt die übergreifende, strategische Ausrichtung wieder zum Tragen. Insgesamt ermöglicht es der integrierte Ansatz, dass eine strategische thematische Steuerung der Folgephase über die Organisationsleitung erfolgen kann und zugleich, dass die Mitarbeitenden zeitnah mit den Ergebnissen arbeiten können und sich lokal erste Verbesserungen einstellen. Die zeitnahe lokale Rückspiegelung der Ergebnisse und der stattfindende lokale Dialog ist ein wichtiger Erfolgsfaktor, da das Interesse der Mitarbeitenden an den Ergebnissen insbesondere in den ersten Wochen und Monaten nach dem Befragungsschluss am höchsten ist und danach deutlich absinkt (Church & Waclawski, 2017). Zudem wird sichergestellt, dass der Dialog nicht in der Hierarchie und durch langwierige Abstimmungsprozesse seinen Schwung verliert. Gleichzeitig wird im integrierten Ansatz aber auch sichtbar, dass die Leitung der Organisation die Ergebnisse ernst nimmt sowie übergeordnete Maßnahmen für Verbesserungen adressiert und kommuniziert (vgl. Gegenstromprinzip bei Bergmann & Jakobuß, 2015).

Es ist zu beachten, dass insbesondere in Bezug auf den Folgeprozess häufig das Verantwortungsverhältnis zwischen der Personalabteilung und den Linienvorgesetzten unklar ist. So kann es beispielsweise Unklarheiten geben, wer für die Dokumentation, Umsetzung, das Nachhalten und die weitere Kommunikation verabschiedeter Maßnahmen verantwortlich ist, weshalb eine gute Rollenklärung und eine klare Definition von Verantwortlichkeiten im gesamten MAB-Prozess, aber insbesondere auch im Folgeprozess von zentraler Bedeutung sind. Abbildung 23 zeigt einen exemplarischen Ablauf eines integrierten Folgeprozesses und die entsprechenden Funktionen der Personalabteilung.

Abschließend ist festzuhalten, dass sowohl auf der zentralen als auf der dezentralen Ebene des Folgeprozesses „Aktionismus“ vermieden werden sollte (Racky, 2007). Zum einen sollten nicht zu viele Maßnahmen abgeleitet werden – schon Folkman (1996) empfiehlt, auf wenige Maßnahmen zu fokussieren, da sonst oft keine nachhaltige Umsetzung erfolgt. So hat es sich in der Praxis etabliert, nicht mehr als drei übergreifende Handlungsfelder zu definieren (Borg, 2003). Zum anderen geht es nicht darum, möglichst viele oder ein bestimmtes Minimum an Maßnahmen als alleiniges Kriterium für den Erfolg der MAB zu sehen. Neben der Generierung von Maßnahmen kann der Dialog im Rahmen der Folgeprozesse auch zu Erkenntnissen und der Verbesserung geteilter mentaler Modelle führen und damit zu einer Verbesserung der Arbeitssituation beitragen – ohne die Notwendigkeit einer weiteren Maßnahmendefinition. In Bezug auf abgeleitete Maßnahmen ist zudem insbesondere die Qualität und deren konsequente und nachhaltige Umsetzung sowie deren Sichtbarkeit und Erlebbarkeit für die Mitarbeitenden und die Organisation entscheidend.

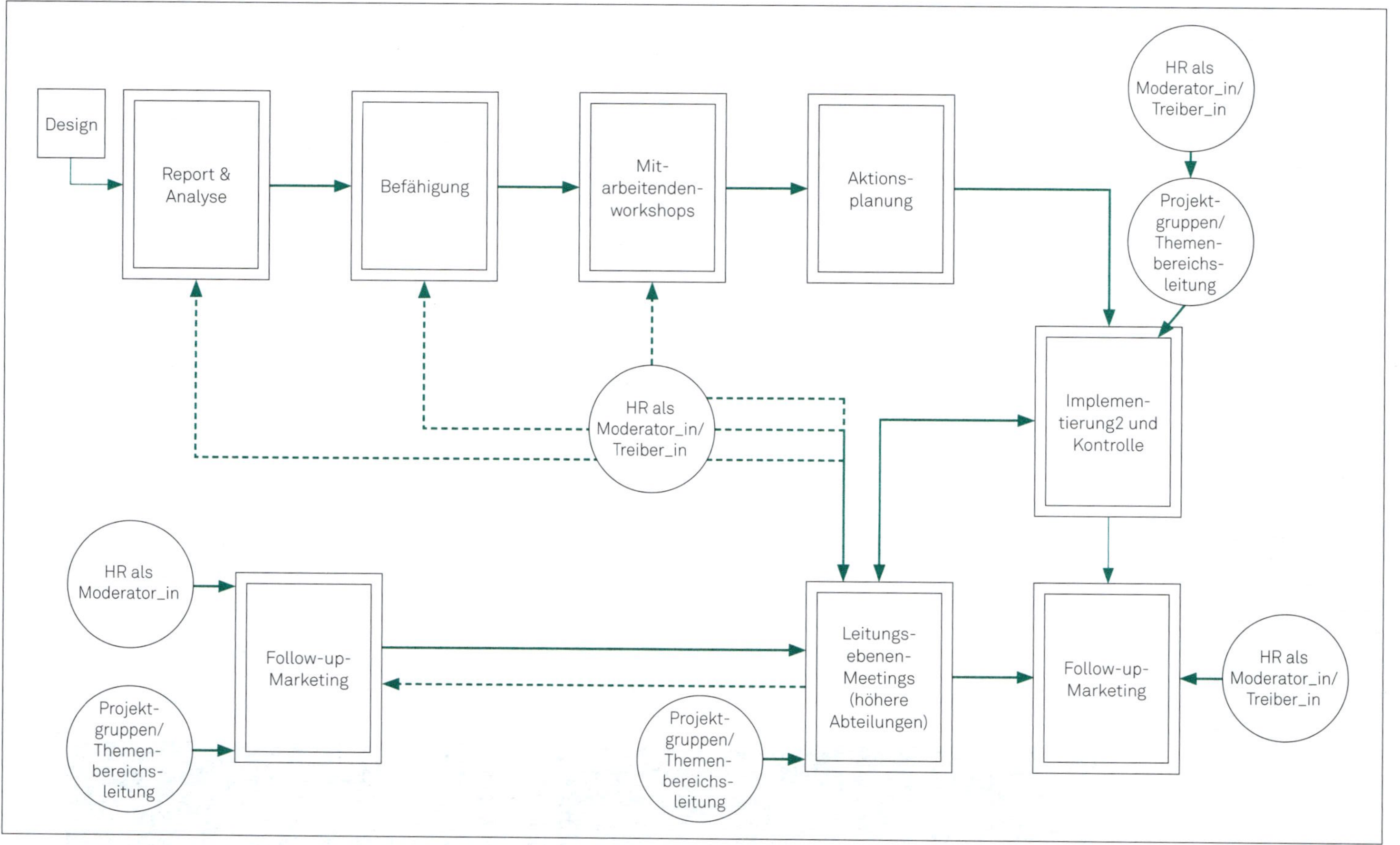

Abbildung 23: Exemplarischer Ablauf eines integrierten Folgeprozesses und Funktionen der Personalabteilung

Für die Umsetzung entsprechender Maßnahmenvorhaben kann auf Grundsätze des klassischen Projektmanagements zurückgegriffen werden. Zur ersten Formulierung der Maßnahmen empfiehlt es sich, einen Steckbrief für die jeweilige Maßnahme zu erstellen (siehe Tabelle 19 für entsprechende Leitfragen). Weiterhin sollte auf die Rollen und jeweiligen Verantwortlichkeiten innerhalb des Folgeprozesses geachtet werden.

Tabelle 19: Exemplarische Leitfragen zur Maßnahmenformulierung

Ziele	Was soll erreicht werden?	Beschreibung des Zielbildes, d.h. angestrebten Zustands, der durch die Umsetzung der Planung erreicht werden soll
Maßnahme/ Projekt	Was wird getan?	Nennung und Beschreibung entstehender Maßnahmen, die für das Erreichen des Zielzustandes erforderlich sind
Organisation	Wie wird es getan?	Beschreibung der Projektorganisation (zentral/dezentral) und einzelner Handlungsschritte
	Wann wird es getan?	Projektstart/-ende
	Wer tut es?	Festlegung von Verantwortlichkeiten
Strukturen	Welche Stakeholder gibt es in dem Projekt?	Beteiligte, Promotoren, Schnittstellen
Ressourcen	Welche Ressourcen werden benötigt?	Personal, Finanzen, Material
Durchführung	Welche externen und internen Termine wirken sich auf die Planung aus?	Beschreibung und Auswahl, Meilensteine
	Welche wahrnehmbaren Ergebnisse sind für die Stakeholder wichtig?	Arbeitsergebnisse, Identifikation von Abhängigkeiten, Kommunikationsmaßnahmen, Ablaufplan
	Welche Schwierigkeiten (Risiken) können sich bei der Umsetzung ergeben?	Identifikation möglicher Hürden
Controlling	Woran ist der Prozessfortschritt erkennbar?	Identifikation relevanter Meilensteine und Prozessabschnitte
	Wann wird der Prozessfortschritt kontrolliert?	Sicherstellung der aktiven und regelmäßigen Auseinandersetzung mit dem Projekt zur Sicherung der Nachhaltigkeit

Gestaltung von Workshops

Ein gängiges Format zur weiteren Arbeit mit den MAB-Ergebnissen im Rahmen der Folgephase ist, wie oben dargestellt, die Durchführung von zentralen oder dezentralen Workshops. Wichtig ist, dass diese in das Gesamtkonzept der Folgephase eingebettet sind und die entsprechenden Ergebnisse koordiniert an die nächste Hierarchieebene rückgemeldet bzw. weitergegeben werden (Borg & Mastrangelo, 2008).

Für die Durchführung der Workshops gilt es grundsätzlich, verschiedene *Haltungen* zu beherzigen: Im Sinne der Kulturfunktion der MAB ist die Art und Weise, wie innerhalb der Workshops agiert wird, ähnlich wichtig wie die tatsächlichen Ergebnisse des Workshops. Die Durchführung der MAB ist explizit oder implizit mit der Idee verbunden, authentischen Dialog und damit die Feedback- und Lernkultur der Organisation zu fördern (Mazutis & Slawinski, 2008). Dazu gehört zunächst die *Offenheit* im Umgang mit den Ergebnissen. Die Diskussion der MAB-Ergebnisse ist eine Gelegenheit, Offenheit, Transparenz, Kritikfähigkeit, Authentizität, hierarchieübergreifenden Dialog und Reflexionsfähigkeit zu praktizieren und zu fördern. Der offene und authentische Dialog und die angstfreie Auseinandersetzung mit den Ergebnissen in einem konstruktiven Diskurs ist eine Kernbedingung gemeinschaftlichen Lernens. Im Sinne der *Objektivität* ist es darüber hinaus wichtig, positive oder negative Ergebnisse nicht überzubetonen, um keine verzerrten Wahrnehmungen und Fehlinterpretationen zu riskieren. Die Ergebnisse der MAB sollten außerdem in keinem Fall „gegen" die Befragten verwendet werden, das bedeutet, dass in keinem Fall „Nestbeschmutzer" gesucht werden sollten.

Ein entscheidender Punkt, welcher auch im Rahmen der Erstellung des Befähigungskonzeptes (siehe dazu auch Abschnitt 4.1.3) bedacht werden sollte, ist die Frage, ob die Workshops eigenständig durch die eigene Führungskraft der Einheit oder begleitet durch eine unterstützende *Moderation* durchgeführt werden sollten. Dabei kann die Moderation von externen Dienstleistenden oder aber von dafür geschulten internen Moderator_innen übernommen werden. Dabei gibt es verschiedene Argumente und Positionen zu berücksichtigen (vgl. Jöns, 2018): Für eine Moderation durch eine dritte Person spricht beispielsweise, dass eine externe Moderation die Führungskraft entlasten kann, da diese sich dann stärker auf das Gespräch konzentrieren kann. Außerdem können konfliktbehaftete Themen und kritische Ergebnisse intensiver bearbeitet werden. Bei der Durchführung durch externe Moderator_innen ist darüber hinaus von einem zielorientierten Ablauf auszugehen und ein problematisches Verhalten der Führungskraft, z. B. im Sinne eines „An-sich-Ziehens" der Diskussion kann leichter verhindert werden. Gegen die Moderation durch eine externe Person kann jedoch sprechen, dass dadurch eine künstliche oder peinliche Situation entsteht. Auch kann die Moderation als Einmischung in interne Angelegenheiten empfunden werden oder dem Verständnis der Führungskraft widersprechen, den Workshop selbst durchzuführen. Aufseiten der Führungskraft kann es dadurch auch zu einer geringeren Veränderungsbereitschaft kommen. Schließlich ist zu berücksichtigen, dass eine Durchführung durch externe Moderator_innen zusätzliche Ressourcen verlangt. Zudem sollte im Zusammenhang mit dem Feedbackparadox (Born & Mathieu, 1996) bedacht werden, dass die interne Moderation insbesondere für Führungskräfte mit kritischeren Werten eine herausfordernde Situation darstellen kann. Dennoch sollte vermieden werden, dass Moderationen durch Dritte nur bei Führungskräften mit kritischen Werten zum Einsatz kommen, da sonst die Moderation leicht zu einem Stigma wird.

Kernelemente der Workshops

Als Grundmodell für die Ziele dezentraler MAB-Workshops beschreiben Borg und Mastrangelo (2008) drei Aspekte: Dazu gehört

1. zu verstehen, wo das Team in Bezug auf die in der MAB abgefragten Themen gerade steht,
2. verschiedene Idealszenarien der Zusammenarbeit zu entwerfen und
3. als Lösungen mögliche Wege vom aktuellen Standpunkt zum Idealstandpunkt zu skizzieren.

Diese Ziele für die Struktur des MAB-Workshops lassen sich in verschiedene Kernelemente übersetzen: Diese Kernelemente beinhalten klassischerweise die Präsentation der Ergebnisse, eine vertiefende Diskussion, die Ableitung von Maßnahmen und Erkenntnissen sowie zusätzlich Überlegungen zur Steigerung von deren Nachhaltigkeit (Jöns & Müller, 2007). Sie werden im Folgenden im Detail vorgestellt.

Nach der Begrüßung der Teilnehmenden und einer kurzen inhaltlichen Einführung der Workshopagenda ist es hilfreich, sich zunächst auf gemeinsame „Gesprächsregeln" (wie z.B. andere ausreden lassen, Gesprochenes vertraulich behandeln) zu verständigen. Es sollte dann das Gesamtprojekt MAB noch einmal kurz eingeführt und die entsprechenden Ziele vorgestellt werden. Die *Präsentation der Ergebnisse* sollte sodann auf dem für die jeweilige Auswertungseinheit erstellten Bericht basieren. Ziel dieser ersten Phase des Workshops ist es somit, dass alle Mitarbeitenden die Ergebnisse der MAB kennen. Dazu können zunächst „kritische Themen" bzw. Themen mit hohem Handlungsbedarf aus dem Ergebnisbericht herausgearbeitet werden. Hierzu ist es nützlich, die Ergebnisse in den Berichten grafisch aufzubereiten und handlungsorientiert (z. B. Handlungsportfolio) darzustellen (siehe hierzu Abschnitt 4.2.2).

Für die *vertiefende Diskussion* stehen als Ziele die Interpretation und der Meinungsaustausch zu den relevanten Handlungsfeldern unter den Mitarbeitenden im Fokus. Im Rahmen der Diskussion werden zu den reinen Zahlen konkrete Situationen, Vorstellungen und Erwartungen deutlich. Neben der Klärung möglicher Ursachen können hier bereits wichtige Erkenntnisse entstehen und ein besseres gegenseitiges Verständnis befördert werden. Am Ende soll deutlich sein, was das Team unter dem Handlungsfeld versteht und Ursachen gefunden werden, die möglicherweise schon Ansatzpunkte zur Behebung des Problems sind. Dazu bietet sich die Orientierung an drei zentralen Fragen/Aspekten an:

1. Wie wichtig sind die anhand des Berichts identifizierten Handlungsfelder für die Mitarbeitenden? Oder: Mit welchen Themen sollen wir uns beschäftigen?
2. Genaue Definition des Handlungsfelds: Worum geht es bei diesem Thema?
3. Anschließende Klärung der möglichen Ursachen für das Handlungsfeld: Woran liegt das?

Für die Bearbeitung der einzelnen Fragen können Flipcharts oder Moderationskarten zur Visualisierung verwendet werden. Generell empfiehlt es sich, auch nach „Themen hinter den Themen", also den eigentlichen Gründen hinter bestimmten Ergebnissen zu suchen. Die dritte Phase des Workshops hat den Schwerpunkt in der *Festlegung individueller und gemeinsamer Einsichten und Absichten* sowie der *Ableitung von konkreten Maßnahmen*. Das Ziel dieser Phase besteht darin, gemeinsam zu einer Verbesserung der Arbeitsbedingungen und zu konkreten Ergebnissen zu kommen. Für die Suche nach Lösungsvorschlägen bietet sich folgender Ablauf an: Zunächst sollten in einer freien „Sammelphase" bewertungsfrei verschiedene Vorschläge durch die Mitarbeitenden eingebracht werden können. Zudem können *Action Libraries* die Erarbeitung von konkreten Maßnahmen unterstützen. Die Action Libraries sind Sammlungen von erfolgsversprechenden Ansätzen und Best-Practice-Maßnahmen für MAB-bezogene Handlungsfelder und können für den Workshop bereitgestellt werden. Im Rahmen des Workshops können die Action Libraries in digitaler oder papierbasierter Form Anregungen und neue Perspektiven für passende Lösungen bieten. Wichtig bei der Arbeit mit Action Libraries ist aber, dass die Maßnahmen nicht einfach ohne Prüfung auf eine Passung im jeweiligen Kontext übernommen werden oder eigene Ideen der Beteiligten aufgrund der „offiziellen" Maßnahmenvorschläge unberücksichtigt bleiben.

In einem nächsten Schritt können die Maßnahmenvorschläge dann bewertet und ausgewählt werden. Für die Unterstützung der Umsetzung der Vorschläge in konkrete Maßnahmen empfiehlt sich die Arbeit mit *Aktionsplänen*, die durch spezifische Fragen die Konkretisierung der Maßnahmenausarbeitung unterstützen und gleichzeitig für die weiteren Schritte in der Umsetzung dokumentieren. Die Relevanz solcher Aktionspläne für die Wirksamkeit der MAB ist dabei nicht zu unterschätzen. So zeigten Björklund, Grahn, Jensen und Bergström (2007) deutlich, dass sich signifikante Verbesserungen in der Folgebefragung nur dort fanden, wo den Mitarbeitenden nicht nur die Ergebnisse zurückgemeldet wurden, sondern auch Aktionspläne aufgestellt wurden. Für Beispiele eines Maßnahmenplans siehe Abbildung 24.

Beispiel 1

Bereich/Abteilung:		Datum:
Was soll getan werden?	**Wer** ist dafür zuständig?	**Bis wann** soll es erledigt sein?
Anmerkungen:		

Beispiel 2

Bereich/Abteilung:					Datum:	
Mit welchem Ziel wird die Maßnahme durchgeführt?	**Was** soll getan werden?	**Wer** ist dafür zuständig?	**Womit** (Ressourcen/ Unterstützung)	**Bis wann** soll es erledigt sein?	**Wann** wird die Wirksamkeit kontrolliert?	**Wie wirksam** war die Maßnahme?
Anmerkungen:						

Abbildung 24: Beispiele für Maßnahmenpläne

Bei der Ableitung von konkreten Maßnahmen sollte stets berücksichtigt werden, dass es sich um realistische Vorhaben handeln sollte; es sollten eher wenige, dafür aber die richtigen Maßnahmen verabschiedet werden. Optimalerweise sollten solche Maßnahmen ausgewählt werden, die einen großen Effekt erzielen bei gleichzeitig vertretbarem Ressourceneinsatz.

Darüber hinaus sollte die Moderation bei der Erarbeitung der Maßnahmen darauf achten, die Formulierung der Maßnahmen stets in Bezug auf Schritte, Ergebnis, Verantwortlichkeit, Zeitrahmen und Erfolgskriterien der Umsetzung zu konkretisieren und dabei auf die Umsetzbarkeit zu achten. Auch sollte gemeinsam kritisch hinterfragt werden, woran die Maßnahmen möglicherweise scheitern könnten und wie man dies vermeiden kann. Darüber hinaus sollte ergänzt werden, welche zusätzliche Unterstützung bei der Umsetzung der Maßnahmen notwendig ist und wer diese leisten kann. Wichtig ist auch, kritisch im Workshop zu hinterfragen, ob die zeitlichen, finanziellen und persönlichen Ressourcen zur Umsetzung der Maßnahmen tatsächlich zur Verfügung stehen.

Im Sinne der Dokumentation hilft der Aktionsplan, die Entscheidungen für weitere Schritte nachschlagbar und nachvollziehbar zu halten und Verbindlichkeit für die Umsetzung herzustellen (vgl. Kleingeld et al., 2011; Shteynberg & Galinsky, 2011). Im Rahmen der Umsetzung unterstützen die Aktionspläne darüber hinaus das Monitoring. So lässt sich anhand der Beschreibung im Aktionsplan prüfen, ob die Maßnahme im festgelegten Zeitraum umgesetzt wurde oder nicht. Werden Aktionspläne, ähnlich wie Ergebnisse, nur erstellt, aber später nicht aktiv genutzt und überprüft, kann das darin enthaltene Potenzial schnell verpuffen.

Aktionspläne können zur Unterstützung der Maßnahmenableitung und -umsetzung sowohl auf zentraler als auch auf dezentraler Ebene eingesetzt werden. Insbesondere im Kontext dezentraler Folgeprozesse kommt den Aktionsplänen eine wichtige Rolle im zentralen Controlling von Workshops und Maßnahmen zu (siehe „Action Tracking“ in Abschnitt 4.3.3). Heute kommen zur Vereinfachung häufig digitale *Action Planner* zum Einsatz. Diese können im Rahmen von Action Libraries oder integrierten Befragungsportalen konzipiert sein und sind sehr dynamisch in Bezug auf aktuelle Infos zum Umsetzungsstand und das Versenden von Remindern an die Verantwortlichen der jeweiligen Maßnahme.

Zum Abschluss des Workshops sollten weitere Schritte zur Sicherung der *Nachhaltigkeit* der Maßnahmen und Absichten in den Blick genommen werden. So hat es sich bewährt, bereits im Workshop jeweils einen Zeitslot in regulären Teammeetings für einen Check zum Stand der Maßnahmen einzurichten. Die Kontrolle des Stands der Maßnahmenumsetzung sollte als gemeinsame Teamaufgabe angesehen werden und als fester Agendapunkt in Teambesprechungen (z. B. nach 1, 2 oder 3 Monaten) verankert und dort thematisiert werden. Zur Sicherung der Nachhaltigkeit gehört außerdem die genaue Dokumentation der besprochenen Elemente, z. B. durch das Erstellen eines Fotoprotokolls bzw. die Aufbereitung der Maßnahmen in Form einer Präsentation und das Einpflegen in entsprechende MAB-begleitende Systeme. Die beiliegende Karte „Folgeprozess: Typische Workshop-Konzepte“ fasst die Kernelemente des MAB-Workshops zusammen und stellt verschiedene Durchführungsoptionen dar.

4.3.3 Sicherung der Nachhaltigkeit

Die Bewertung der Wirksamkeit einer MAB orientiert sich in erster Linie an der Positionierung der MAB und den damit verbundenen konkreten Zielsetzungen. Wie die Messung der Zielerreichung im Einzelfall umgesetzt und operationalisiert wird, hängt von den gegebenen Zielkriterien ab. Dennoch gibt es eine Reihe von Instrumenten, die insbesondere im Sinne der Interventionsfunktion die Wirksamkeit und Nachhaltigkeit der MAB unterstützen und somit auch als Instrumente zur Steuerung eines erfolgreichen Folgeprozesses eingesetzt werden können. In der Praxis spielen dabei die Begriffe Controlling und Evaluation eine Rolle. Im Folgenden wird Evaluation als übergreifenderer Begriff genutzt und Controlling insbesondere in Bezug auf spezifischere Aspekte verwendet. Darüber hinaus haben Instrumente zur Sicherung der Nachhaltigkeit der MAB auch eine psychologische Wirkung auf die Beteiligten. Die Erfahrung in der Praxis zeigt, dass die Ankündigung und geplante Umsetzung von Instrumenten zur Evaluation des Folgeprozesses die Ernsthaftigkeit des MAB-Prozesses unterstreichen und damit die Verbindlichkeit des Folgeprozesses für alle Beteiligten erhöhen kann. So kann die Evaluation auch ein „mächtiger Motivator" (Borg, 2015, S. 134) für die entsprechend stringente Umsetzung der Planung in der Fläche der Organisation und gleichzeitig eine „pädagogische Keule" zur Erinnerung an die Umsetzung der Folgephase sein. Durch die Evaluation und das damit verbundene Reporting erhöht sich zudem erneut die Aufmerksamkeit auf die MAB, was ein Versickern der Prozesse verhindern kann.

Dabei ist durchaus kritisch anzumerken, dass der Einsatz von Evaluationsinstrumenten auch negative Effekte haben kann, wenn dadurch der Eindruck von „Micro-Management" im Sinne einer kleinteiligen Kontrolle der Führungskräfte entsteht und die MAB in eine Fleißarbeit der Abarbeitung und des Reportings von selbstgesetzten Maßnahmen mutiert. Den Spagat zwischen Signalisierung von Verbindlichkeit und Ernsthaftigkeit auf der einen Seite und Vermeidung von Eindrücken des „Micro-Managements" und Schaffung einer Reportingkultur auf der anderen Seite gilt es durch entsprechende Befähigungsprogramme, gelungene kommunikative Einbettung und Flexibilität in der Handhabung positiv aufzulösen.

Die Bewertung der MAB-Wirkung bezieht sich aber nicht nur auf die Ebene der Workshops und Maßnahmen, sondern auch auf andere Aspekte des MAB-Prozesses. So kann im Rahmen der Evaluation auch der Gesamtprozess der MAB fokussiert werden, um zu analysieren, wie der Prozess aus Sicht der Mitarbeitenden erlebt und bewertet wurde, wobei hier in der Praxis häufig insbesondere der Folgeprozess im Mittelpunkt der Aufmerksamkeit steht (siehe Deitering, 2006 für eine umfassende Übersicht von Evaluationskriterien). Ferner kann die Evaluation auch die Projektebene der MAB betreffen, um herauszuarbeiten, welche Aspekte im Projektmanagement für Folgebefragungen verbessert werden können. Im Sinne einer summativen Betrachtung kann zudem die Wirksamkeit der MAB in Bezug auf die Veränderungen von weichen und harten Kriterien beleuchtet werden. Je nach Ausgestaltung der Evaluation kann dies als „project in itself" (Borg & Mastrangelo, 2008, S. 428) bezeichnet werden und sollte entsprechend in der Organisation positioniert und verankert sein.

Controlling von Workshops und Maßnahmen

Im Rahmen des sogenannten *Action Tracking* stehen insbesondere die aus der Auseinandersetzung mit den Befragungsergebnissen abgeleiteten Maßnahmen im Fokus. Diese sind im Idealfall in Aktionsplänen (siehe Abschnitt 4.3.2) dokumentiert und an zentraler Stelle einzusehen. Wie oben beschrieben, befördern digitale Action Planner den Austausch der Informationen in Bezug auf die Maßnahmen und vereinfachen das Controlling der Maßnahmen erheblich (Hodapp, 2007). So kann anhand der Aktionspläne beispielsweise (in Echtzeit) nachvollzogen werden, wo und wie viele Maßnahmen schon abgeleitet und geplant wurden, welche Handlungsfelder in den Maßnahmen angegangen werden, wer der/die Ansprechpartner_in ist und welchen (Bearbeitungs-)Status die Maßnahmen haben. Für das zentrale Controlling, insbesondere mit Bezug auf dezentrale Folgeprozesse, und die Kommunikation im Rahmen der Folgephase werden so wertvolle Informationen zusammengetragen.

Wichtig ist, dass die Informationen zu den Workshops und den Maßnahmen auch im Rahmen der zentralen Auseinandersetzung zum Thema gemacht werden. So können im Rahmen von Regel-Meetings der Führungskräfte die jeweils aktuellen Zahlen zu durchgeführten Workshops und umgesetzten Maßnahmen aus den unterschiedlichen Bereichen der Organisation präsentiert werden, um eine entsprechende Aufmerksamkeit zu signalisieren und das Thema der MAB auch in der Umsetzungsphase nicht einschlafen zu lassen. Die Information über entsprechende Prozessfortschritte ist auch im Sinne des MAB-Marketings für die Mitarbeitenden wertvoll, um über die Grenzen des eigenen Bereichs hinaus ein Bild der Wirkung der MAB zu erhalten (Hodapp, 2007).

Die heutigen technologischen Möglichkeiten unterstützen auch das *Action Voting* als eine besondere Art des Controllings. Action Voting ist eine Art interaktiver, interner Social-Media-Wettbewerb, bei dem Mitarbeitende „Likes“ für Maßnahmen verteilen und die „besten“ Maßnahmen wählen. In der Praxis empfiehlt es sich, die „besten“ Maßnahmen nicht allein auf Basis von „Likes“ zu vergeben, sondern ein Expert_innengremium einzusetzen, das eine zusätzliche Rolle in der Einschätzung der Maßnahmen spielt und eine offiziellere Sichtweise einbringt.

In der Ausgestaltung solcher Elemente im Folgeprozess und durch die Nutzung von interaktiven onlinegestützten Instrumenten und Foren zum Austausch über Verbesserungsmaßnahmen verschwimmt die Grenze zwischen Feedbacksystemen und modernen Instrumenten des Ideenmanagements zusehends (Müller, Kohnke et al., 2018). So wird für die Mitarbeitenden deutlich, was in anderen Bereichen erarbeitet wurde und es entsteht eine zusätzliche Chance, ein erfolgreiches Vorgehen im Sinne des organisationalen Lernens weiterzuvermitteln. Gleichzeitig wird im Rahmen des Action Votings aus der (oft großen) Menge von Maßnahmen eine Bewertungsübersicht erstellt, die wiederum in der Kommunikation genutzt werden kann. So wird das Best-Practice-Sharing deutlich vereinfacht, besondere Leistungen lassen sich leichter identifizieren und prämieren und nicht zuletzt können Maßnahmen besser bedarfsorientiert und zielgerichtet unterstützt werden (Gehring et al., 2015). Auswertungen der Aktionspläne eignen sich zu guter Letzt sehr gut für das MAB-Marketing im Vorfeld der Folgebefragung, um die Mitarbeitenden nochmals an die Vielzahl und besonders relevante Veränderungen im Rahmen der letzten MAB zu erinnern und damit wieder für die neue Runde zu motivieren.

Controlling des MAB-Prozesses

Um den Prozess der MAB und im Speziellen den Prozess der Folgephase zu kontrollieren, wird häufig auf das Feedback der Mitarbeitenden zurückgegriffen (Hodapp, 2007). So können die Mitarbeitenden nicht nur zurückmelden, ob, sondern auch wie gut sie über die Ergebnisse der MAB informiert wurden, ob sie gut in die Diskussion und Maßnahmenableitung eingebunden wurden und ob sich für sie Verbesserungen ergeben haben. Diese Arten von Rückmeldungen können dabei entweder rückblickend in der Folgebefragung oder über spezielle Check-Befragungen, Check-Interviews oder Check-Workshops erfasst werden.

MAB-Check

Hauspost

Sind Sie nach der Mitarbeitendenbefragung über die Ergebnisse Ihrer Berichtseinheit ausreichend informiert worden?

◯ ja ◯ eher ja ◯ teils-teils ◯ eher nein ◯ nein

Wurde in Ihrer Berichtseinheit über mögliche Ursachen dieser Ergebnisse gesprochen?

◯ ja ◯ eher ja ◯ teils-teils ◯ eher nein ◯ nein

Sind aus den Ergebnissen der Mitarbeitendenbefragung konkrete Maßnahmen abgeleitet worden?

◯ ja ◯ eher ja ◯ teils-teils ◯ eher nein ◯ nein

Haben diese Maßnahmen zu ersten spürbaren Verbesserungen geführt?

◯ ja ◯ eher ja ◯ teils-teils ◯ eher nein ◯ nein

Sind Sie insgesamt zufrieden damit, wie mit den Ergebnissen aus der Mitarbeitendenbefragung weiter gearbeitet wird?

◯ ja ◯ eher ja ◯ teils-teils ◯ eher nein ◯ nein

Abbildung 25: Check-Befragung im Postkartenformat

Im Rahmen einer *Check-Befragung* (siehe Abbildung 25) wird mithilfe weniger Fragen in Form einer Postkarte oder E-Card auf Aspekte des MAB-Prozesses wie Information, Ursachenanalyse, Maßnahmenableitung, Maßnahmenumsetzung, Veränderung sowie die Zufriedenheit der Mitarbeitenden mit dem Folgeprozess der MAB fokussiert (Borg & Mastrangelo, 2008; Hodapp & Bungard, 2018; Wiley, 2010). Diese Art des Controllings stellt viele Vorteile dar: So kann mit relativ wenig Aufwand der aktuelle Stand der Maßnahmenableitung und -umsetzung zeitnah erfasst und für verschiedene Auswertungseinheiten verglichen werden. Damit bieten die Ergebnisse auch die Basis für Interventionen zur Förderung der Ableitung von Maßnahmen auf übergeordneten Ebenen. Gleichzeitig können die Ergebnisse einer Check-Befragung als Ansporn dienen, die Ableitung und Umsetzung von Maßnahmen weiter voranzutreiben. Der wahrgenommene Nutzen und die Nachhaltigkeit der Maßnahmen wirkt sich dabei sowohl auf die Akzeptanz weiterer Befragungen als auch auf das Organisationsklima und die Wettbewerbsfähigkeit aus (Felfe, 2019).

In der *praktischen Umsetzung* bietet es sich an, für die Durchführung einer Check-Befragung die Organisationsstruktur der ursprünglichen MAB zu nutzen und die Ergebnisse an die entsprechenden Führungskräfte und höheren Führungskräfte zeitnah rückzumelden. Dabei kommen in der Praxis für die Durchführung der Check-Befragungen sowohl Stichproben- als auch Vollbefragungen zum Einsatz (Borg & Mastrangelo, 2008; Hodapp, 2007). Hierbei ist entscheidend, bis auf welche Ebene der Organisation die Ergebnisse heruntergebrochen werden sollen. Die stärksten Controlling-Effekte haben Check-Befragungen, wenn sie für jedes Team verfügbar sind und auf einer Vollbefragung basieren.

Wichtig ist, sich vorab Gedanken zum passenden *Zeitpunkt* einer Check-Befragung zu machen. Ein zu kurzer Zeitraum direkt nach der MAB ist ungünstig, da Maßnahmen noch nicht angestoßen und umgesetzt werden konnten bzw. ihre Wirkung noch nicht erlebbar ist. Ein zu langer Zeitraum kurz vor der nächsten MAB hingegen lässt wenig Spielraum, den Folgeprozess noch zu verändern oder auf Basis der Rückmeldung der Ergebnisse der Check-Befragung anzupassen. Für die Durchführung einer Check-Befragung finden sich in der Literatur Zeiträume von mindestens 4 Monaten und höchstens 12 Monaten nach der Kommunikation der MAB-Ergebnisse (Borg & Mastrangelo, 2008; Edwards et al., 1997; Hodapp & Bungard, 2018). Es bleibt dabei jedoch auch anzumerken, dass Veränderungen, die mehr Zeit benötigen, in entsprechenden Check-Befragungen noch nicht vollständig bewertet werden können (Borg, 2003).

Eine Alternative zur Check-Befragung sind Check-Interviews oder Check-Workshops. *Check-Interviews* werden mit Einzelpersonen (z.B. Führungskräfte, Mitarbeitende, Personalvertretung) durchgeführt, während bei *Check-Workshops* Gruppen (übergreifend oder aus einem Bereich) im Rahmen von Fokusgruppen-ähnlichen Veranstaltungen über die Durchführung des MAB-Prozesses berichten können. Beispielfragen für entsprechende Leitfäden, die im Rahmen von Check-Interviews oder Check-Workshops eingesetzt werden können, finden sich in Tabelle 20. Je nach Größe der Organisation können sowohl Check-Interviews als auch Check-Workshops jedoch recht aufwendige Verfahren darstellen und nur schwer einen Überblick über alle Ebenen der Organisation liefern. Die Erkenntnisse und Eindrücke stellen aber dennoch einen Ansatz dar, die Wirkung und das Nachhalten des MAB-Prozesses systematisch zu organisieren.

Tabelle 20: Beispielhafte Inhalte und Fragen für Check-Interviews und Check-Workshops

Thema	Beispielfragen in Anlehnung an Borg (2003) und Hodapp (2007)
Erwartungen	Was hatten Sie sich von der MAB erhofft?
Befragungsprozess	Wie lief die Befragung selbst? Welche Kritik gibt es an den Fragen und Fragebögen?
Information	Wie wurden Sie über die Ergebnisse der Befragung informiert?
Aufnahme der Befragungsergebnisse	Wie wurden die Ergebnisse der Befragung aufgenommen? Wie haben sich die Führungskräfte zu den Ergebnissen positioniert?
Ursachenanalyse	In welchem Maß konnte offen über Ursachen und Hintergründe der MAB-Ergebnisse diskutiert werden?
Maßnahmenableitung	Zu welchem Grad fanden die Anregungen der Mitarbeitenden Berücksichtigung bei der Aktionsplanung? Wie wurde die Umsetzbarkeit der Maßnahmen berücksichtigt?
Maßnahmenumsetzung	Welche Herausforderungen gibt es bei der Umsetzung der Aktionspläne? Wie ist der Status der Umsetzung?
Wirkungen und Nebenwirkungen	Wie haben sich die Aktionen in Ihrem Bereich ausgewirkt?
Gesamtbeurteilung und „Lessons learned“	Inwieweit halten die Mitarbeitenden die MAB für eine sinnvolle Maßnahme? Was könnte verbessert werden?

Eine andere Möglichkeit des Controllings ist die Bewertung der letzten MAB im Rahmen der zyklischen Folgebefragung. Die Bewertung innerhalb der Folgebefragung in Form eines MAB-Frageblocks hat den Vorteil, dass hierdurch kaum zusätzliche Ressourcen benötigt werden. Jedoch ist mit der Folgebefragung nur noch rückblickend ein Zustand zu dokumentieren, ohne die Chance zu bieten, in den Prozess einzugreifen und nachzusteuern. Auch kann zwischen zwei Befragungen eine relativ lange Zeit vergangen sein und die Mitarbeitenden keine deutlichen Erinnerungen mehr an den zurückliegenden Prozess haben, was die Qualität der Einschätzungen reduzieren kann.

Controlling der Veränderung weicher und harter Kriterien

Im Sinne einer summativen Betrachtung soll das Controlling von Veränderungen in weichen (subjektiven) und harten (objektiven) Kriterien die Wirksamkeit der MAB untersuchen. So wird hier analysiert, ob sich entsprechende weiche und harte Kriterien nach der MAB verändert und im Idealfall verbessert haben.

Für den Bereich der *weichen Kriterien* liefert dabei der Vergleich der Ergebnisse aus der Folgebefragung erste Anhaltspunkte für die Wirksamkeitseinschätzung (Hodapp, 2007). Neben den Einschätzungen der Mitarbeitenden können auch Zahlen zur Zufriedenheit der Kund_innen auf entsprechende Veränderungen hin untersucht werden. Die zugrundeliegende Annahme dabei ist stets, dass sich Veränderungen in den Werten auf entsprechend erfolgreiche oder weniger erfolgreiche Maßnahmen zurückführen lassen. Dennoch wird angemerkt, dass auch erfolgreiche Maßnahmen nicht direkt zu höherer Zufriedenheit führen müssen (siehe Jöns, 1997). Hier muss berücksichtigt werden, dass einige Grundlagenmodelle der Arbeitszufriedenheit davon ausgehen, dass das Anspruchsniveau der Befragten als Grundlage der Bewertungen durchaus auch dynamisch sein kann (Bruggemann, 1974; Büssing, 1991). So können sich zwar Verbesserungen ergeben haben, aber durch eine folgende Anpassung des Anspruchsniveaus müssen sich die Verbesserungen nicht unbedingt in besseren Werten abbilden. Zudem können in der Zwischenzeit entsprechend weitere Aktivitäten oder Veränderungen innerhalb und außerhalb der Organisation ebenfalls einen Einfluss auf die Ergebnisse der Folgebefragung ausgeübt haben. Zur Ermittlung dieser Veränderungen haben sich komplexe Analysemethoden auf Basis von Pfadanalysen und Strukturgleichungsmodellierungen bewährt (z. B. Cross-Lagged-Analysen, Latent-Change- oder Latent-Curve-Ansätze, siehe z. B. Liu et al., 2016; McArdle, 2009).

Für den Bereich der *harten Kriterien* sind insbesondere die in Abschnitt 4.2.4 beschriebenen Modellierungen im Sinne von Linkage-Analysen und HR-Analytics-Ansätzen angeraten. Die Bewertung kann anhand von Verknüpfungen mit HR-bezogenen Kennzahlen (Fluktuation, Krankenrate, Leistungsdaten, Arbeitsunfälle) oder geschäftsbezogenen Daten (Qualitätsindikatoren, Produktivitätsindikatoren, Durchlaufzeiten, Marktanteilen) erfolgen. Diese Art der Evaluation braucht, genau wie im Rahmen des HR Analytics-Ansatzes gefordert (Rasmussen & Ulrich, 2015), ein inhaltliches Verständnis relevanter Variablen in Bezug auf die Wirkung der MAB. Die Fähigkeit zur Ableitung und Formulierung inhaltlich sinnvoller Fragestellungen mit Relevanz für organisationale Entscheidungen und strategische Steuerung stellt sich als wichtig heraus (Angrave et al., 2016; Linke, 2018). Dies bedingt die Entwicklung entsprechender fundierter Wirk- und Prognosemodelle (Coco, 2011; Levenson, 2013; Marler & Boudreau, 2017).

4.3.4 Internationale Aspekte in der Folgephase

Auch beim Folgeprozess bedarf es einer besonderen Aufmerksamkeit gegenüber Besonderheiten bei der Durchführung in multinationalen Settings. Das Reporting ist in der Regel auch im multinationalen Setting standardisiert. Es muss jedoch spezifisch geklärt werden, wie mit gegebenenfalls vorhandenen länderspezifischen Teilen des Fragebogens umgegangen wird und wie diese Daten letztlich genutzt werden sollen (Fenlason & Suckow-Zimberg, 2006). Dennoch sollte eine globale Rückspiegelung der Maßnahmen und des Umsetzungsgrades erfolgen, um auf zentraler Ebene eine Gesamtbewertung und Steuerung des Projektes sicherzustellen. Andersherum sollten länderübergreifende zentrale Maßnahmen aktiv in den lokalen Standorten kommuniziert und bei Bedarf an die lokalen Gegebenheiten angepasst werden (Müller & Metzger, 2010).

Auch bei der Durchführung und Gestaltung des Folgeprozesses ist es ratsam, kulturelle Einflüsse zu berücksichtigen. Es stellt sich dabei die grundsätzliche Frage, ob die westlich geprägte Grundlogik des Vorgehens, dass Mitarbeitende Feedback „nach oben" geben, die Ergebnisse offen und kontrovers mit Führungskräften diskutieren, sowie in den Prozess der Ursachenanalyse und Maßnahmenableitung eingebunden sind, über kulturelle Grenzen hinweg sinnvoll ist oder ob hier nicht eine kulturelle Adaption des Vorgehens angeraten ist. Aus praktischer Erfahrung lassen sich hier deutliche Bezüge zu kulturellen Wertedimensionen und kulturell geprägten Führungsstilen herstellen. So erscheint die Umsetzung der oben beschriebenen Grundlogik in Kulturen mit hoher Machtdistanz und Unsicherheitsvermeidung eher schwieriger. Die *Machtdistanz* beschreibt den Grad, zu dem die Ungleichverteilung von Macht in Organisationen oder Gesellschaften kollektiv akzeptiert und erwartet wird. Das heißt, in Ländern mit hoher Machtdistanz werden die Ungleichverteilung von Macht und die damit verbundenen Rollen und hierarchischen Strukturen weniger stark hinterfragt, stärker sozial akzeptiert und entsprechendes Rollenverhalten sogar erwartet. *Unsicherheitsvermeidung* beschreibt das kulturell-kollektive Ausmaß, in dem eine Gesellschaft, Organisation oder Gruppe die Bestrebung besitzt, unvorhersehbare Ereignisse zu vermeiden. Dies hat zur Folge, dass in Kollektiven mit hoher Unsicherheitsvermeidung Ordnung, Regeln, stabile Strukturen und klare Verfahren besonders wichtig sind (House et al., 2004).

Für Länder mit hoher Machtdistanz kann die MAB insbesondere im Sinne der Organisationsentwicklung und des Folgeprozesses in besonderem Maße herausfordernd sein. Die gemeinsame Diskussion von Stärken und Schwächen gestaltet sich in Kulturen hoher Machtdistanz eher schwierig. Entsprechend muss der Rollenwechsel von Mitarbeitenden zu Mitentscheidenden gut eingebettet werden. Offene Kritik an bestehenden Strukturen, Prozessen und vor allem Führungsentscheidungen verschiedener Hierarchieebenen oder Kritik in Bezug auf die direkte Führungskraft scheinen ungleich schwieriger und sowohl vonseiten der Mitarbeitenden als auch der Führungskraft ungewohnter in der Umsetzung. Hinzu kommen unterschiedliche Rollenerwartungen, wie sie in der Praxis in Workshops beobachtet werden können. Hierbei nimmt die Führungskraft in Bezug auf mögliche Verbesserungen ihre entsprechende Führungsrolle wahr und „gibt die Lösung vor". Auch eine hohe Unsicherheitsvermeidung ist sowohl in Bezug auf die geringe Vorhersehbarkeit der Ergebnisse, als auch den folgenden dynamisch und dialogisch orientierten Prozess aller Wahrscheinlichkeit nach wenig förderlich.

Es ist somit naheliegend, dass die beschriebenen kulturellen Einflüsse potenziell zu einer geringeren Akzeptanz des Instruments der MAB oder zumindest zu einer faktischen Modifikation der Durchführung eines auf Dialog und Partizipation ausgelegten Folgeprozesses führen. Das Resultat kann sogar eine geringere Wirksamkeit des Instruments in bestimmten Kulturen darstellen. Auf der anderen Seite könnte argumentiert werden, dass gerade in Kulturen mit hoher Machtdistanz und hoher Unsicherheitsvermeidung der Interventionseffekt dieses Instruments besonders stark ist, da die üblichen Strukturen durch das Instrument der MAB in systematischer und strukturierter Art und Weise hinterfragt und somit neue Reflexionsprozesse angeregt werden. Naheliegender erscheint aber die Vermutung, dass bestimmte kulturelle Konstellationen, wie hohe Machtdistanz und hohe Unsicherheitsvermeidung sowie ein geringer partizipativer Führungsstil bzw. ein hoher selbstschützender Führungsstil die Akzeptanz, Umsetzung und Wirksamkeit des Instruments wahrscheinlich nicht befördern. Dies ist sicherlich ein interessantes Feld zukünftiger Forschung im Kontext der MAB und anderer Survey-Feedback-Verfahren.

4.3.5 Ausblick

Follow-up-Design im Sinne der neuen OE

Das bisherige Verständnis von Feedbackinstrumenten ist geprägt von einem Problemlöseansatz: Probleme (Entwicklungsfelder) identifizieren – Maßnahmen ableiten – Probleme lösen. In diesem Duktus ist auch das Instrument MAB, selbst in der besten Absicht eines Organisationsentwicklungsansatzes, häufig mechanistisch, statisch und linear. Dem dominanten Vorgehen im Rahmen von Folgeprozessen liegt die implizite Annahme zugrunde, dass es einen „besseren Weg" für bestimmte Probleme gibt und dass die Identifikation dieser „Lösung" durch die MAB katalysiert wird. Diese Betrachtungsweise ist aus der Perspektive der neuen Organisationsentwicklung limitiert (siehe Abschnitt 1.6.2). Das momentane, eher mechanistische Verständnis von Befragungen und der Folgeprozess im Sinne von „Zahlen-Diagnose-Analyse-Problem-Aktion-Lösung" sollte sich zukünftig hin zum Prinzip „Impulse-Reflexion-Dialog-Orientierung-Dynamik" ändern. Diese mehr dialogisch orientierte Perspektive hat für die Gestaltung von MABs und insbesondere für die Gestaltung von deren Folgeprozessen gewisse Implikationen. Im Zentrum der Diskussion steht somit nicht mehr die Identifikation von Stärken und „Entwicklungsfeldern", von Treibern, die Ableitung von Maßnahmen und die Lösung von Problemen, sondern die Sichtbarmachung unterschiedlicher Perspektiven, das geteilte Verständnis unterschiedlicher und zum Teil widersprüchlicher Anforderungen, die Generierung neuer Einsichten und geteilter mentaler Modelle und die gemeinsame Ausrichtung im Sinne selbstorganisierter kollektiver Zielgebungen (Schneider & Somers, 2006).

Passung von Inhalt, Akteur_innen und Rollenklarheit

Ein Kernproblem der bisherigen MAB ist die *Vielfalt der Themen* (siehe Kapitel 2) und die damit verbundene diffuse Verantwortungszuschreibung. Es ist häufig für Mitarbeitende, aber auch Führungskräfte, in den dezentralen Workshops frustrierend, wenn sie Themen diskutieren sollen oder Maßnahmen ableiten, die eher auf Leitungsebene verankert sind, für die häufig Fachabteilungen zuständig sind oder die allgemein gesprochen weitestgehend außerhalb des Einflussbereiches des eigenen Teams liegen (z. B. Weiterbildungsangebote, Karriere- und Aufstiegsmodelle oder Entlohnungssysteme). Dieser häufig geäußerte Kritikpunkt im Rahmen des Folgeprozesses macht deutlich, dass ein Gewinn für die MAB darin liegen kann, eine klarere Zuordnung von Themen zu Verantwortlichkeiten und Entscheider_innen (Topic-Owner Matching) im MAB-Folgeprozess abzubilden. Das diagnostische Interesse lässt sich dabei auf unterschiedlichsten Ebenen verorten. Neben Themen auf dezentraler Ebene, die vor allem Teams und Führungskräfte betreffen, gibt es Themen, die eher übergreifend durch übergeordnete Einheiten adressierbar sind (z. B. Standorte, Business Units), die Organisation als Ganzes betreffen oder im Schwerpunkt durch spezifische Fachabteilungen und Funktionen mitbearbeitet werden, z. B. Gesundheitsmanagement, Talentmanagement oder Arbeitsschutz.

Die Zuordnung der Inhalte zu bestimmten Interessent_innen bzw. Nutzer_innen der Information (Topic Owner) ist ein wichtiger Aspekt in der strategischen Positionierung der MAB. Wie bereits angedeutet, hat diese spezifische Zuordnung nicht nur Implikationen für die Ausgestaltung des Folgeprozesses, sondern auch bereits für die diagnostische *Formulierung der Fragen*. Daher ist zu empfehlen, dass in den Fragen die primär angestrebte Bezugsebene jeweils explizit adressiert wird (Chan, 1998). Verdeutlicht an einem Beispiel bedeutet dies, dass bei einer primären Auswertung auf Teamebene die Fragen entsprechend mit Fokus auf die Teamebene formuliert sein sollten (zum Beispiel „Wie zufrieden sind Sie mit den Arbeitsprozessen in Ihrem Team?"). Demgegenüber steht die Formulierung auf einer höheren Aggregationsebene („Wie zufrieden sind Sie mit den Arbeitsprozessen in Ihrer Organisation?"). Gleiches gilt für andere Themengebiete wie beispielsweise Aspekte der Führung („Wie zufrieden sind Sie mit der Führung durch Ihre/n direkte/n Vorgesetzte/n?" vs. „Wie zufrieden sind Sie mit der Führung in der

Organisation?"). Die Spezifikation des Zielniveaus hängt letztlich von der strategischen Positionierung und der angestrebten Nutzung der MAB-Ergebnisse ab und ist eine häufig unterschätzte Thematik in der Positionierung der MAB und der Konstruktion des Fragebogens. Ein solides Topic-Owner Matching, d.h. die sinnvolle Verbindung von Themen und Entscheidungsakteur_innen in der Konstruktion des Fragebogens und dem Design des Folgeprozesses kann die häufig empfundene Verantwortungsdiffusion und -konfusion im Rahmen der MAB minimieren. In der Fortführung dieses Gedankens kann die MAB im Kontext einer Einbettung in eine breitere *Feedback- und Befragungslandschaft* so gestaltet sein, dass z.B. die thematische Zuordnung der MAB enger gefasst ist (nur Themen der Gesamtorganisation) und lokale Themen durch maßgeschneiderte spezifische Instrumente (Führungsfeedback, Team-Feedback) oder themenspezifische Befragungen (Special Topic Survey, Employee Lifecycle Survey etc.) adressiert werden. In dieser Diskussion der Passung von Inhalt, Verantwortlichkeiten, Entscheidungs- und Handlungsfähigkeiten und entsprechender maßgeschneiderter Prozessgestaltung liegt ein hohes Entwicklungspotenzial der MAB als Instrument und von Feedback- und Befragungslandschaften als Ganzes.

5 Fallbeispiele

In den folgenden Darstellungen sollen fokussierte Fallbeispiele den MAB-Prozess mit Blick auf spezifische Aspekte reflektieren und durch die Erläuterungen der Umsetzungen aus den Projekten konkretisieren. Entsprechend gliedern sich die Fallbeispiele entlang des MAB-Prozesses. Dabei wird jeweils ein kurzer Hintergrund gegeben, das gewählte Vorgehen beschrieben und ein Resümee gezogen. Die Fallbeispiele sind so gewählt, dass sie auf der einen Seite beschreiben, welche spezifischen Aspekte und Herausforderungen im MAB-Prozess auftreten und bedacht werden können und auf der anderen Seite erläutern, welche Möglichkeiten es gibt, die adressierten Aspekte auf innovative oder besondere Art und Weise zu lösen.

Die Fallbeispiele können dabei Umsetzungen beschreiben, die im Rahmen des jeweiligen Projektes aus organisationsspezifischen Gründen als Lösungen gefunden wurden, welche in anderen Situationen jedoch anders gelöst oder umgesetzt werden könnten und sind somit vor allem als Anregungen und nicht zur einfachen Übertragung zu verstehen. Für die Offenheit der Organisationen und das Engagement in der Erstellung der Praxisbeiträge möchten wir uns herzlich bei den Autor_innen bedanken und weisen die Autor_innen der jeweiligen Fallbeispiel-Darstellungen namentlich aus.

5.1 Vorbereitung einer MAB

5.1.1 Fragebogenentwicklung und -anpassung im Mittelstand

Julia Hottmann (Klingele Paper & Packaging Group), Klaus Jäger (R. STAHL Aktiengesellschaft) & Cosima Koßmann (IWOP GmbH)

- *Hintergrund*

Unternehmen im Mittelstand stehen vor sehr unterschiedlichen und häufig spezifischen Herausforderungen. Dies sind z. B. größere Reorganisationsprozesse, die Expansion in neue Märkte und Länder, ein sich stark veränderndes Marktumfeld oder auch die Einführung neuer Technologien. Häufig entsteht die Diskussion der Durchführung einer MAB gerade vor dem Hintergrund solch neuer Herausforderungen. Entsprechend ergibt sich der Wunsch und der Bedarf, das Befragungsinstrument an die aktuellen Herausforderungen der Organisation anzupassen. Die

Entwicklung eines angepassten Fragebogens gestaltet sich dann meist als vergleichsweise komplexer und aufwendiger Prozess, da unterschiedliche Interessengruppen in den Entwicklungsprozess eingebunden werden sollten bzw. müssen.

Diese Einbindung erfolgt in der Regel in Form von Workshops zur Fragebogenentwicklung. Innerhalb dieser Workshops wird dann meist auf Basis eines bestehenden Fragenpools, der z.B. von einem externen Dienstleistungsunternehmen zur Verfügung gestellt wurde, ein finaler Fragebogen für das Unternehmen entwickelt. Diese Workshops können sich aus mehreren Gründen häufig als sehr schwierig erweisen. So kann zum einen nur eine limitierte Anzahl von Interessengruppen in die Workshops eingebunden werden, wodurch sich möglicherweise nicht alle Interessengruppen gleichmäßig repräsentiert fühlen. Zum anderen ergeben sich innerhalb der Workshops selbst häufig mühsame und langwierige Diskussionen über die Auswahl und Anpassung von Fragen oder die Ergänzung neuer Fragen.

Um diese Dynamiken zu vermeiden, bietet es sich an, die Auswahl und Bewertung der Relevanz der Fragen mit einem *Select Survey* vorzubereiten. Hier kann ein definierter (oftmals Mitglieder der Steuerungsgruppe) oder auch größerer Personenkreis (ausgewählte Führungskräfte und Mitarbeitende, Top-Management, relevante Fachabteilungen) Einschätzungen zur Relevanz von möglichen Fragemodulen und Einzelfragen abgeben. Von den Teilnehmenden werden die unterschiedlichen Module und die dazugehörigen Items (z.B. „Bereitet Ihnen Ihre Tätigkeit Freude?“) per Papier- oder Online-Fragebogen im Hinblick darauf bewertet, ob sie diese Aspekte für ihren Bereich bzw. aus ihrer spezifischen Perspektive (z.B. in einer Funktion als Mitarbeitendenvertretung) als „irrelevant“ oder „relevant“ (z.B. auf einer fünfstufigen Skala) einschätzen.

Die Relevanz-Einschätzungen können dann zur Vorbereitung und Moderation des anschließenden Workshops genutzt werden. Auf Basis der aggregierten Auswertungen zu den einzelnen Modulen und Items fällt es wesentlich einfacher, ein kohärentes und einheitliches Meinungsbild in der Diskussion der Items zu schaffen. Nur wenige Items, welche eine hohe Streuung der Bewertungen aufweisen, bedürfen dann einer intensiveren Diskussion. Durch den Einsatz der Select-Befragung kann der Workshop wesentlich effizienter und effektiver gestaltet werden. Ferner kann durch die Select-Befragung auch ein breiterer Personenkreis in die Einschätzung der Relevanz einbezogen werden, auch wenn deren Anwesenheit im Workshop nicht möglich oder vorgesehen ist. Generell scheint es sinnvoll, den Fragebogen, basierend auf einem generellen Itempool, spezifisch an die Bedürfnisse der Organisation anzupassen.

Vergleicht man die Ergebnisse solcher Select Surveys zwischen verschiedenen Organisationen, so wird deutlich, dass die Organisationen in Abhängigkeit ihrer

Rahmenbedingungen und Herausforderungen sehr unterschiedliche Schwerpunkte in Bezug auf die Themen der MAB legen. Folglich stellt sich solch ein organisationsspezifisches Vorgehen in der Fragebogenentwicklung vor dem Hintergrund der unterschiedlichen Bedürfnisse der Organisationen als vorteilhaft heraus. Im Folgenden wird das Vorgehen zur Durchführung eines Select Surveys bei zwei mittelständischen Unternehmen beschrieben und die Ergebnisse in Bezug auf die unterschiedliche Schwerpunktsetzung verglichen.

- *Vorgehen*

Betrachtet werden das international tätige Familienunternehmen Klingele Paper & Packaging Group mit ca. 2.500 Mitarbeitenden und die global tätige Aktiengesellschaft R. STAHL mit ca. 1.700 Mitarbeitenden. Der Select Survey wurde in beiden Unternehmen durch einen externen Befragungsdienstleistenden an ausgewählte Unternehmensvertreter_innen und Repräsentant_innen wichtiger Interessengruppen versendet (z. B. Mitarbeitendenvertretung, Geschäftsführung, Personalabteilung, Gesundheitsmanagement etc.). Der Befragungspool bestand aus 25 möglichen Themenmodulen mit insgesamt 204 Items. Die Teilnehmenden sollten ihre Einschätzung bzgl. der Relevanz der Module und der einzelnen Fragen innerhalb der Module abgeben. Ferner bestand die Möglichkeit, in einem offenen Kommentarfeld die Fragen zu kommentieren bzw. weitere Aspekte, die als relevant beachtet wurden, anzuführen. Diese Module waren wiederum in vier Kategorien – Arbeit, Rahmenbedingungen, Interaktion und Organisation – eingebettet. Der Select Survey wurde bei der Klingele Paper & Packaging Group an 12 Teilnehmende verschickt und bei der R. STAHL AG an 6 Teilnehmende.

Die Ergebnisse wurden dann als Grundlage für den anschließend stattfindenden Fragebogenworkshop ausgewertet, aufbereitet und visualisiert. Die Diskussion im Workshop erfolgte anhand der Ergebnispräsentation der Select-Befragung. Dabei wurde die Diskussion durch die Items und Module geleitet und fokussierte zunächst die Aspekte, die einheitlich als hoch relevant eingestuft wurden. Im nächsten Schritt wurden die Module und Items diskutiert, bei denen eine hohe Varianz bei den Teilnehmenden auftrat. Hier gab es dann entsprechende Pro- und Contra-Argumentationen mit einer in der finalen Abstimmung weitestgehend konsensuellen Entscheidung. Vor dem Hintergrund dieses zweistufigen Vorgehens konnte sich bei beiden Unternehmen zügig auf ein finales Set an Fragen geeinigt werden. Wie Tabelle 21 zeigt, bestand der Fragebogen der Klingele Paper & Packaging Group letztendlich aus 54 Fragen, während die R. STAHL AG 48 Fragen in den Fragebogen aufnahm.

Tabelle 21: Darstellung der Ergebnisse des Select Surveys bei der Klingele Paper & Packaging Group (linke Spalte) und bei der R. STAHL AG (rechte Spalte)

Bereichsname	Modul	Fragenpool	Gesamteinschätzung der Relevanz		Anzahl ausgewählter Items	
Arbeit	Tätigkeitsinhalte	11	4,67	4,50	3	3
	Arbeitsabläufe	11	4,83	5,00	4	6
	Weiterbildung	8	4,17	3,83	2	3
	Entwicklungsmöglichkeiten	8	4,08	2,83	2	0
Rahmenbedingungen	Wertschätzung	8	4,58	4,33	3	2
	Arbeitsbedingungen	13	4,75	4,50	3	4
	Digitalisierung	4	3,17	2,83	0	0
	Beschäftigungssicherheit	3	4,58	4,33	1	0
	Work-Life-Balance	9	4,42	3,50	3	0
	Gesundheitsmanagement	7	3,82	3,00	1	0
Interaktion	Führungskraft	14	4,92	4,80	5	5
	Zusammenarbeit mit Kolleg_innen	9	5,00	4,00	3	2
	Information & Kommunikation	8	4,50	4,67	4	3
	Geschäftsführung	7	4,83	4,83	4	2
	Betriebsrat	7	4,58	2,50	3	0
	Feedbackkultur	8	4,33	4,67	0	2
Organisation	Strategie & Ziele	10	3,75	4,80	1	2
	Innovation: Team	8	3,83	3,20	1	0
	Innovation: Organisation	5	3,75	4,00	1	0
	Umgang mit Veränderungen	10	4,25	5,00	1	4
	Markt & Zukunft	5	3,83	3,60	1	1
	Image der Organisation	8	3,83	3,20	1	0
	Diversität	4	4,25	3,40	1	2
	Compliance	4	3,67	3,40	1	2
Übergeordnete Themen	Engagement & Wohlbefinden	7			3	3
	Arbeitgeberattraktivität & Verbundenheit	8			2	2
Insgesamt		204	4,27	3,95	54	48

Der Vergleich der Ergebnisse des Select Surveys zwischen den beiden Unternehmen verdeutlicht sowohl gewisse Gemeinsamkeiten als auch spezifische Schwerpunktsetzungen, welche die aktuellen Herausforderungen der Unternehmen widerspiegeln. So wurden die Module „Arbeitsabläufe“ und „Führungskraft“ in beiden Unternehmen als Schwerpunkte gewählt. Neben diesen gemeinsamen Schwerpunktsetzungen zeigen sich bei der Klingele Paper & Packaging Group „Information & Kommunikation“ und die „Geschäftsführung“ als weitere Schwerpunkte der Befragung. Die R. STAHL AG hat dagegen Schwerpunkte im Bereich „Arbeitsbedingungen“ und „Umgang mit Veränderungen“. Darüber hinaus ist die Befragung bei der Klingele Paper & Packaging Group mit Themen wie „Beschäftigungssicherheit“, „Gesundheitsmanagement“, „Innovation“ sowie „Image der Organisation“ deutlich breiter veranlagt.

- *Resümee*

Die Nutzung einer Select-Befragung zur Auswahl der Module und Items eines Fragebogens zeigt sich als sehr geeignete Strategie, um erstens die Entwicklung des Fragebogens und dessen Akzeptanz auf eine breitere Basis zu stellen und unterschiedliche Stakeholder-Gruppen in ihrer Einschätzung auf effiziente Weise einzubeziehen. Zweitens konnte dadurch der Fragebogenworkshop effizient gestaltet und auf Basis von Statistiken moderiert werden.

Durch die Auswahl und Integration bestimmter Fragemodule in den Fragebogen betonen Organisationen individuell die Wichtigkeit von bestimmten Themen und legen damit den Rahmen für Folgeprozesse fest. Die Nutzung eines Select-Survey-Ansatzes zeigt sich wirkungsvoll zur Vorbereitung und Durchführung der Fragebogenentwicklung sowie zur Akzeptanzsteigerung des Befragungsinstrumentes. Insgesamt empfiehlt es sich vor dem Hintergrund unterschiedlicher Anforderungen an Organisationen, das Befragungsinstrument spezifisch an die jeweiligen Bedürfnisse und Schwerpunkte der Organisation anzupassen. Diese Form der Fragebogenentwicklung besitzt demnach eine vergleichsweise breite Resonanz wichtiger Interessengruppen, ohne dadurch die strategische Fokussierung zu verlieren.

5.1.2 Kommunikationskonzept im Mittelstand

Oliver Schmidt (O+P Consult GmbH), Julia Hottmann (Klingele Paper & Packaging Group) & Cosima Koßmann (IWOP GmbH)

- *Hintergrund*

Das Familienunternehmen Klingele Paper & Packaging Group aus dem Mittelstand mit ca. 2.500 Mitarbeitenden führte im Jahr 2019 eine MAB an verschiedenen, auch internationalen, Standorten durch. Da es sich um die erstmalige

Durchführung einer internationalen MAB handelte, wurde der Kommunikation im Rahmen des Projektes ein besonderer Stellenwert eingeräumt. Entsprechend setzte sich die Projektgruppe intensiv mit der Planung der Informations- und Kommunikationsziele, der spezifischen Zielgruppen sowie entsprechenden Kommunikationsmaßnahmen auseinander. Die Projektgruppe bestand aus Verantwortlichen der Personalabteilung, Vertreter_innen der Geschäftsleitung, der Marketingabteilung, der Mitarbeitendenvertretung sowie einem externen Berater_innenteam.

- *Vorgehen*

Bei der Erarbeitung eines Kommunikationsplans wurden zunächst die Ziele der Kommunikationskampagne festgelegt. Diese Ziele umfassten die Information über zentrale Eckdaten und Rahmenbedingungen der Befragung, die Förderung der Motivation zur Teilnahme sowie die Vermittlung der Glaubwürdigkeit der Anonymitätszusicherung und des Umsetzungsgedankens in Bezug auf Verbesse-

Tabelle 22: Checkliste mit einigen exemplarisch ausgewählten Kommunikationsmaßnahmen

Zielgruppe	Inhalt	Zeit	Kommunikationskanal	Verantwortlichkeit	Erledigt
Geschäftsleitung, Werksleitung, Führungskräfte	„Warum", „Wie" und „Danach" der MAB kommunizieren	KW 21	E-Mail	A	
Alle Mitarbeitenden + Führungskräfte; international	neuen Bereich im Intranet einrichten: „Mitarbeiterbefragung 2019" (+ Übersetzungen) mit dem „Warum", dem „Wie" und dem „Danach" der MAB	Ab KW 23	Intranet	X & Y	
Alle Mitarbeitenden + Führungskräfte; international	FAQ-Seite im Intranet mit der Beantwortung möglicher Fragen (+ Übersetzungen)	Ab KW 24	Intranet	X, Y & Z, Einbindung von Typo 3-Expert_innen	
Alle Mitarbeitenden + Führungskräfte; international	„Warum", „Wie" und „Danach" der MAB kommunizieren	KW 31	Newspaper-Artikel der Geschäftsführung	A	
Alle Mitarbeitenden + Führungskräfte; international	„Was", „Wann", „Warum" und „Wie" kommunizieren (+ Übersetzungen)	Ab KW 36	Aushänge und Plakate	A & B	

rungen. Durch diese Maßnahmen sollte die Rücklaufquote gesteigert werden. Um diese Ziele zu erreichen, wurden die verschiedenen Zielgruppen der Kommunikation näher definiert. Neben der Geschäftsleitung, der Werksleitung und der Führungskräfteebene, die alle zu einem früheren Zeitpunkt in die Kommunikation miteinbezogen wurden, wurde auch die Mitarbeitendenvertretung auf Steuerungsebene gesondert adressiert. Der frühzeitige Einbezug der Mitarbeitendenvertretung in Kommunikationskampagnen ist besonders wichtig, um mögliche Freigaben zu erhalten. Auf der Ebene der Teilnehmenden wurde die Gruppe der Mitarbeitenden und die der Auszubildenden definiert. Darauf aufbauend wurden geeignete Kommunikationsmittel und -kanäle für die verschiedenen Zielgruppen festgelegt und mögliche Zeitpunkte für die Kommunikation gesetzt, wobei die frühere Kommunikation an Führungskräfte und die Mitarbeitendenvertretung mitberücksichtigt wurde. Mithilfe einer Checkliste (siehe Tabelle 22) wurde hierbei genau festgehalten, wer über was, wann und wie informiert wird. Zusätzlich konnten anhand der Checkliste Verantwortlichkeiten definiert und Kommunikationsmaßnahmen nachgehalten werden.

Um eine zielgerichtete Begleitung der MAB zu ermöglichen, wurden aufgrund der unterschiedlichen Zielgruppen sowohl Online- als auch Printkanäle genutzt. Im Online-Format wurde beispielsweise eine FAQ-Seite im Intranet erstellt, welche

Abbildung 26: Exemplarische Kommunikationsmaßnahme in Form von ausgehängten MAB-Plakaten

die wichtigsten typischen Fragen zur Durchführung, zu den Zielen und zur Auswertung sowie dem Folgeprozess beinhaltete. Zudem wurden E-Mails an die Mitarbeitenden verschickt und Hinweise zur MAB im SAP-Startscreen platziert. Auf Print-Ebene wurden Plakate (siehe Abbildung 26), Aushänge und auch Werkszeitungen inkl. eines Artikels der Geschäftsführung zur Information und Kommunikation genutzt. Zusätzlich wurden Betriebsversammlungen oder Abteilungsbesprechungen genutzt, um auf die MAB aufmerksam zu machen. Jegliche Kommunikation war dabei durch ein einheitliches MAB-Logo verknüpft, sodass für Mitarbeitende klar zu erkennen war, welche Informationen Teil des Befragungsprozesses sind.

Kurz vor dem Start der MAB wurden an verschiedenen Standorten der Organisation sogenannte „MAB-Lounges" errichtet (siehe Abbildung 27). Diese sollten vor allem für gewerbliche Mitarbeitende die Möglichkeit bieten, ihren Fragebogen geschützt vor Ort auszufüllen. Durch Gratisgetränke und abgeschirmte Sitzgelegen-

Abbildung 27: MAB-Lounge an einem der Standorte der Klingele Paper & Packaging Group

heiten wurde zudem eine angenehme und geschützte Atmosphäre beim Ausfüllen geschaffen. Zusätzlich waren zu ausgewählten Zeiträumen Mitarbeitendenvertreter_innen an den MAB-Lounges anwesend, mit denen über die stattfindende MAB gesprochen werden konnte. So sollten im direkten Dialog mögliche Ängste bzgl. der Anonymität oder auch offene Fragen, z.B. über den Folgeprozess, in einem geschützten Rahmen gestellt werden können.

Während der eigentlichen Befragung wurde nach ca. zwei Wochen ein E-Mail-Reminder an die Mitarbeitenden und Führungskräfte mit PC-Zugang geschickt. Mitarbeitende in den einzelnen Werken wurden durch Plakatzusätze in Form von „Haben Sie schon mitgemacht?“ an die Teilnahme erinnert. Im Nachgang der Befragung wurde sowohl eine E-Mail als auch ein Serienbrief an die Mitarbeitenden und Führungskräfte aller Standorte geschickt. In diesen Schreiben wurde sich für die Teilnahme bedankt und auf die anschließende Folgephase der MAB hingewiesen.

- *Resümee*

Die Erstellung eines Kommunikationsplans inkl. der oben beschriebenen Elemente hilft nicht nur dabei, eine Übersicht über die geplanten Kommunikationsmaßnahmen zu bekommen, sondern auch die Balance zwischen notwendiger Informationsmenge und zu viel Informationen im Blick zu behalten. Verschiedene Maßnahmen in Form von Plakaten, Intranetseiten oder Newsletter-Artikeln lenken dabei die Aufmerksamkeit der Mitarbeitenden auf die MAB und sollten zielgruppenspezifisch eingesetzt werden. Der zusätzliche Einsatz von MAB-Lounges erfüllt als verstärkte aufmerksamkeitslenkende Kommunikationsmaßnahme zudem die Funktion, dass Mitarbeitende vor Ort geschützt ihren Fragebogen ausfüllen können. Gerade beim Thema der Information und Kommunikation, das den Erfolg einer MAB zentral mitbestimmt, ist eine große Vorlaufzeit für die Erstellung eines Kommunikationsplans sowie die Umsetzung der Informations- und Kommunikationsmaßnahmen notwendig und sollte im gesamten Zeitplan der MAB großzügig eingeplant werden. Mithilfe einer guten Informations- und Kommunikationsplanung sowie deren Umsetzung können zudem, wie in diesem Fall geschehen, hohe Rücklaufquoten (77 %) erreicht werden (siehe Abschnitt 4.2.2).

5.2 Durchführung einer MAB

5.2.1 Benchmarking und Best-Practice-Austausch im Benchmark-Konsortium

Svenja Schumacher (Universität Osnabrück), Tammo Straatmann (Universität Osnabrück) & Detlef Hartmann (RACER Benchmark Group GmbH)

- *Hintergrund*

Benchmarking wird häufig als ein wichtiger Stellhebel für die Weiterentwicklung von Organisationen im Kontext von MABs gesehen. Insbesondere wenn es um die Ableitung von Erkenntnissen, Maßnahmen und Handlungsfeldern im Anschluss an eine MAB geht, geben externe und interne Benchmarks wichtige Hinweise auf mögliche Ansatzpunkte. Dabei werden externe Benchmarks, also Vergleichswerte mit anderen Organisationen in Bezug auf wichtige Variablen (wie beispielsweise Engagement), häufig von Dienstleistenden eingekauft. Dies bietet erste Hinweise darauf, wie die Organisation auf dem Markt im Vergleich zu Wettbewerber_innen steht. Erschwerend für die Interpretation ist jedoch, dass meistens nicht transparent ist jedoch, wie diese Benchmarks berechnet werden und welche Organisationen hier einfließen. In der Interpretation und Weiterarbeit mit den Benchmarks stellt diese Undurchsichtigkeit Organisationen und Führungskräfte vor Herausforderungen in der Interpretation und Steuerung von Entwicklungsprozessen.

- *Vorgehen*

Um dieser Intransparenz in Bezug auf den eigentlichen Benchmarking-Ansatz, insbesondere bzgl. der Berechnungsgrundlage und der einfließenden Daten entgegenzutreten, haben sich führende Großunternehmen in Deutschland als unabhängiges Konsortium für das Benchmarking von MABs zusammengeschlossen. An der RACER Benchmark Group sind aktuell 14 führende Unternehmen im deutschen Sprachraum beteiligt, die regelmäßig MABs durchführen. Die aktuellen Mitgliedsunternehmen der RACER Group sind BASF SE, Bertelsmann SE & Co. KGaA, BMW Group, Daimler AG, Deutsche Bahn AG, Deutsche Post DHL Group, Deutsche Telekom AG, Evonik Industries AG, Hilti Corporation, Merck KgaA, OBI Group Holding SE & Co KGaA, Robert Bosch GmbH, SAP SE und TÜV Rheinland AG. Die RACER Benchmark Group hat interne Funktionen, die von verschiedenen Mitgliedsunternehmensvertretenden für eine bestimmte Zeit übernommen werden. Zur internen Abstimmung und zur Förderung des Austausches finden zweimal jährlich Treffen mit allen Mitgliedsunternehmen statt, zusätzlich zu regelmäßigen Telefonkonferenzen und Kleingruppentreffen.

Die RACER Benchmark Group verfolgt in ihrer Arbeit zwei Hauptziele. Zum einen ist dies die Lieferung belastbarer Benchmarks zu bestimmten Zielgrößen und Facetten im Kontext der MABs. Dabei handelt es sich um Indizes für beeinflussbare Leistungsindikatoren auf Mitarbeitenden- und Unternehmensebene. Insbesondere von Vorteil ist hier, dass die Methodik und der Ansatz des Benchmarkings für alle Mitgliedsunternehmen transparent, nachvollziehbar und überprüfbar sind. Zum anderen soll durch den Erfahrungs- und Best-Practice-Austausch in Bezug auf Personalforschung die kontinuierliche Weiterentwicklung der Ansätze innerhalb der Unternehmen und der Community gefördert werden. Hierzu gibt es verschiedene Formate, in denen sich die Mitgliedsunternehmen zunächst intern zu bestimmten Themen (z. B. Befragungslandschaften, Folgeprozesse von Befragungen, Datenschutz) austauschen können, aber auch Formate, die Wissen und Erfahrung in die Community bringen. So werden beispielsweise in Kooperation mit der wissenschaftlichen Beraterin der RACER Benchmark Group, der Universität Osnabrück, Studien zu Best Practices in deutschen Unternehmen durchgeführt oder Symposien für den Wissens- und Erfahrungsaustausch mit anderen MAB-Verantwortlichen der Community veranstaltet. Die RACER Benchmark Group möchte in Bezug auf beide Schwerpunkte einen Standard auf deutscher und internationaler Ebene setzen.

Zurzeit verfügt die Gruppe über ein potenzielles Benchmarking-Volumen von über 2 Millionen Mitarbeitenden in 65 Ländern. Die Benchmarking-Daten stehen 24/7 auf einer Online-Datenbank der Dienstleistungspartnerin IPSOS zur Verfügung. Der Benchmarking-Ansatz der RACER Benchmark Group bietet zum einen Item-Benchmarking und zum anderen Index-Benchmarking. Für das *Item-Benchmarking* wird der Benchmark auf Basis von „Best Practice"-Items, die sowohl in der Praxis erprobt als auch wissenschaftlich getestet sind, gebildet. Diese Items werden formulierungsäquivalent in die Fragebögen der Mitgliedsunternehmen eingebettet. Ein Item-Benchmark kann erzeugt werden, wenn mindestens drei Unternehmen Daten für dieses Item einliefern. Zusätzlich können basierend auf einem theoretisch entwickelten und empirisch getesteten Gesamtmodell Indizes über bestimmte Items gebildet werden, die als *Index-Benchmark* genutzt werden können.

Das aktuelle Modell wurde in Kooperation zwischen der RACER Benchmark Group und der Universität Osnabrück theoretisch (weiter-)entwickelt und empirisch getestet. Dabei wurden in einem ersten Schritt die MAB-Fragebögen von 10 Mitgliedsunternehmen abgeglichen und inhaltliche Schwerpunkte, Themen und Überschneidungen identifiziert. In einem zweiten Schritt wurde dieser Prozess an Fragebögen von 11 Mitgliedsunternehmen wiederholt. Insgesamt wurden mehr als 680 verschiedene Itemformulierungen betrachtet, kategorisiert und in einen Gesamtkatalog gebracht. Parallel wurde basierend auf theoretischer Basis eine Taxonomie entwickelt, die jene Themen integriert, welche in den Fragebögen vorkamen. Zusätzlich wurden zukünftig relevante Themen (z. B. Digitalisierung, Fehlerkultur) über die Rückmeldung aus der Gruppe der RACER-Mitglieder und Sichtung aktueller Literatur berücksichtigt. Das entsprechend entwickelte Modell (Integriertes Modell des Erlebens bei der Arbeit) ist in Abschnitt 2.3 beschrieben.

In einem letzten Schritt wurde das Gesamtmodell im Rahmen einer Panelstudie empirisch getestet. Hierzu wurden zunächst in Zusammenarbeit mit einer inhaltlichen Expert_innengruppe aus der RACER Benchmark Group und der Universität Osnabrück für jede Facette des Modells 2 bis 7 Items ausgewählt, die in die Panelstudie einflossen. Zusätzlich wurden auch Items für neue Themen berücksichtigt, die in den bisherigen Fragebögen der Mitgliedsunternehmen nicht vorkamen, zukünftig aber an Bedeutung gewinnen würden. Der Fragebogen der Panelstudie umfasste insgesamt 121 Items. Statistische Analysen unterstützen das postulierte Gesamtmodell in weiten Teilen und deuteten nur auf leichten Anpassungsbedarf hinsichtlich einiger Subfacetten hin.

Der aktuelle, modellbasierte Itemkatalog der RACER Benchmark Group umfasst entsprechend 30 Kernitems und 49 vertiefende Items, welche die vier Dimensionen des Arbeitserlebens der Mitarbeitenden sowie drei psychologische Erlebniszustände (Engagement, Commitment und Wohlbefinden) abbilden (für Beispielitems siehe Tabelle 9 auf Seite 42f.). Diese drei psychologischen Erlebniszustände finden dabei eine hohe Passung zum Konzept des nachhaltigen Engagements (MacLeod & Clarke, 2009; Meyer & Allen, 1991; Robertson & Cooper, 2010; Shuck & Rose, 2013). Zudem bildet die RACER-Datenbank unterschiedliche arbeits- und organisationsbezogene Strukturvariablen ab, anhand derer sich über bestimmte Filter gezielte Fragestellungen in den Organisationen untersuchen lassen.

- *Resümee*

Insgesamt bietet der Ansatz der RACER Benchmark Group für die beteiligten Unternehmen in Bezug auf die Transparenz und Nachvollziehbarkeit des Benchmarkings große Vorteile. Es werden belastbare Benchmarks als Indikatoren für Stellhebel zur Organisationsentwicklung sowie eine zuverlässige Basis durch die gemeinsam festgelegten Regeln, Methodik und Grundsätze des Benchmarking-Ansatzes geschaffen. Schließlich bietet auch der regelmäßige Wissensaustausch zu aktuellen Trends im Bereich von MABs einen Vorteil in Anbetracht der stetigen Weiterentwicklung von Organisationsentwicklungspraktiken.

5.2.2 Nutzung von Prediction Markets im Kontext der MAB

Tim Wolf (SAP) & Jan-Philip Schumacher (Universität Osnabrück)

- *Hintergrund*

Während die MAB in vielen Organisationen als Standardinstrument etabliert ist (Frieg & Hossiep, 2018), finden sich insbesondere auf Leitungsebene für das strategische Arbeiten Bedarfe, Mitarbeitendenfeedback kontinuierlicher und kurzzyklischer zu erheben. Da die MAB häufig mit einem großen organisatorischen Aufwand und mit umfangreichen Maßnahmen in der Organisationsentwicklung sowie entsprechenden Erwartungen aufseiten der Mitarbeitenden verbunden ist, stellt sich die Frage, welche Instrumente zusätzlich eingesetzt werden können, um zwischen den Wellen der MAB Informationen zu aktuellen Entwicklungen zu bekommen. Ein Instrument, welches sich in diesem Kontext anbietet, ist der Prediction Market. Prediction Markets (PMs) sind Instrumente, mit denen bestimmte Parameter von Zukunftsereignissen vorhergesagt werden können (Manski, 2006). PMs werden von öffentlichen Behörden (US-Verteidigungsministerium, US-Gesundheitswesen) genutzt, um u.a. Ereignisse wie Wahlergebnisse, nationale Bedrohungsstufen und Grippewellen zu prognostizieren. Zudem nutzen multinationale Organisationen (Eli Lilly, General Electric, Google, France Télécom, Hewlett Packard, IBM, Intel, Microsoft, Siemens, SAP) PMs zur Ermittlung von Erwartungen ihrer Mitarbeitenden über die Wahrscheinlichkeit von Zukunftsereignissen wie Umsatzzahlen, Launchzeitpunkte und Qualitätskennzahlen (Arrow et al., 2008; Passmore et al., 2005).

Ähnlich wie an der Börse werden in einem PM Transaktionen im Sinne einer Wette auf die Zukunft ausgeführt. PMs sind dabei Märkte, auf denen Merkmale von Zukunftsereignissen gehandelt werden. Die teilnehmenden Personen kaufen sich aufgrund ihrer Erwartungen in bestimmte angebotene Entwicklungsmöglichkeiten der Zukunft (z.B. den Ausbruchstag einer Grippewelle) ein und können bei entsprechendem Eintritt ihrer Schätzung einen Gewinn erzielen. Aus den Schätzungen der Teilnehmenden können so wertvolle Informationen (wie die Eintrittswahrscheinlichkeit, Mittelwerte oder Mediane) gewonnen werden. Im Vergleich zu klassischen Umfragen liefern PMs genauere oder ähnliche Qualität der Vorhersage. Diese Genauigkeit gilt auch für Befragungen innerhalb von Organisationen, allerdings treten hier Verzerrungen der Vorhersagen durch Optimismus und soziale Strukturen auf (Cowgill et al., 2009). Im Folgenden wird die Einführung eines PMs innerhalb einer multinationalen informationstechnischen Organisation beschrieben.

- *Vorgehen*

Zur Vorhersage von Kennzahlen der jährlichen MAB führte das betrachtete Unternehmen insgesamt 40 PMs ein. Die PMs spiegelten die relevanten organisationalen Einheiten wider, auf deren Ebene das Unternehmen die Kennzahlen aus der MAB betrachten wollte. Insgesamt wurden 9 % der Belegschaft (N=6.329) zur Teilnahme eingeladen. Die Auswahl erfolgte durch eine Stichprobenziehung, segmentiert nach geografischen Regionen und Geschäftsbereichen der Organisation. In diesen PMs hatten die Teilnehmenden die Möglichkeit, Schätzungen für acht Kennzahlen der jährlichen MAB abzugeben. Darunter befanden sich Kennzahlen wie Employee Engagement, Diversity und People Development. Zusätzlich bekamen die Teilnehmenden die Möglichkeit, offene Kommentare abzugeben und damit ihre Einschätzung zu begründen. Jede_r Teilnehmende bekam außerdem ein Startkapital an virtueller Währung, die dazu diente, Schätzungen in Bezug auf die damit verbundene Sicherheit zu bewerten, indem darauf gewettet wurde. Als Informationsgrundlage für die Schätzung dienten Vorjahreswerte der Kennzahlen sowie die durchschnittliche Schätzung von anderen Teilnehmenden. Die Märkte waren über einen Zeitraum von 6 Monaten zugänglich. Teilnehmenden war es jederzeit möglich, auf die Marktplattform zuzugreifen und ihre Einschätzungen zu ändern. Dadurch hatten Teilnehmende die Möglichkeit, auf aktuelle Ereignisse in der Organisation zu reagieren und ihre Einschätzungen anzupassen. Insgesamt beteiligten sich bis zur Schließung 9 % der Eingeladenen aktiv an den PMs und gaben Schätzungen zu den globalen MAB-Ergebnissen ab. Nach Schließung der PMs wurde die jährliche MAB durchgeführt, zu der die gesamte Belegschaft eingeladen wurde.

Kontrastiert man die Schätzungen aus den PMs mit den Ergebnissen aus der MAB, so ergeben sich interessante Beobachtungen. Die Abweichungen der betrachteten acht Kennzahlen verglichen mit den Schätzungen betrugen in ca. 75 % der Schätzungen aus den Märkten weniger als 5 %, und 51 % der Schätzung lagen weniger als 3 % von den Ergebnissen der MAB entfernt (auf einer 5-Punkte-Likert-Skala). Insgesamt weisen die Ergebnisse darauf hin, dass eine höhere Anzahl von Teilnehmenden in den jeweiligen Märkten sowie deren angegebene Sicherheit der Schätzung tendenziell die Genauigkeit der Schätzung begünstigt.

- *Resümee*

Insgesamt sind PMs daher als vielversprechendes Instrument anzusehen, das konventionelle MABs in der strategischen, taktischen und operativen Führung einer Organisation ergänzen kann (Passmore et al., 2005). Entsprechend können Prediction Markets ein sinnvolles Instrument im Kontext einer umfassenderen Survey Landscape darstellen, das neben der MAB besondere zusätzliche

Funktionen erfüllt und strategisch wichtige Informationen am Puls der Zeit liefern kann. So ermöglichen die PMs eine Ergebnisauswertung in Echtzeit. Dadurch überwinden sie Probleme in Verbindung mit der Verzögerung durch die Analyse und Aufbereitung von Ergebnissen konventioneller MABs. Ereignisse, die MAB-relevante Kennzahlen betreffen, können so schneller und kontinuierlich identifiziert und analysiert werden. Dadurch ist es möglich, bei ungünstigen Entwicklungen Maßnahmen abzuleiten und diese zeitnah umzusetzen. Zugleich können auch positive Trends identifiziert werden und die Organisation aktiv in deren Richtung gelenkt werden, bevor diese wieder abflauen. In der Durchführung wird es entsprechend wichtig sein, den Prediction Market als eigenständiges Instrument in Ergänzung zur MAB zu positionieren und die Mitarbeitenden über eine entsprechende Einbettung und Positionierung zur Teilnahme an den Prediction Markets zu motivieren. Dies ist insbesondere wichtig, da sich in den Analysen zeigte, dass Märkte mit mehr Teilnehmenden bessere Schätzungen erzielten. In diesem Kontext ist auch über weitere Möglichkeiten der Motivationssteigerung im Sinne von unterschiedlichen Arten der Einbindung und Incentivierung nachzudenken.

5.3 Folgeprozesse einer MAB

5.3.1 Vorbereitung der Führungskräfte als Schlüsselfiguren im Folgeprozess

Svenja Schumacher (IWOP GmbH) & Karsten Müller (Universität Osnabrück)

- *Hintergrund*

Im Falle eines großen deutschen Zulieferers für die Automobilindustrie mit zahlreichen internationalen Standorten wurde insbesondere die Rolle der Führungskräfte als Schlüsselfiguren im Folgeprozess der MAB fokussiert. Da eine MAB immer auch die Erwartung der Mitarbeitenden weckt, dass mit den Ergebnissen weitergearbeitet wird und sich sichtbare Veränderungen in den Arbeitsbedingungen und der Zusammenarbeit ergeben, sollten in einem groß angelegten Folgeprozess auf Teamebene Workshops durchgeführt werden, um die Ergebnisse der MAB zu diskutieren und konkrete Maßnahmen abzuleiten. In diesem Zusammenhang sollten die Führungskräfte die Moderation der Folgeworkshops übernehmen. Die Aufgabe bestand nun darin, die Führungskräfte weltweit zur Moderation zu befähigen und sie zu motivieren, an einem entsprechenden Online-Training teilzunehmen. Eine besondere Herausforderung in diesem Zusammenhang stellte zum einen die große Anzahl und geografische Verstreuung der Führungskräfte dar. In der Vergangenheit gab es in der Befähigungsphase der MAB detaillierte schriftliche Dokumente, um sich auf den Folgeprozess vorzubereiten. Die Führungskräfte nutzten diese aber in der Vergangenheit eingeschränkt, was auf fehlende zeitliche Ressourcen zur Vorbereitung und Übersichtlichkeit mangelnde sowie Fokussierung der Unterlagen zurückgeführt wurde. Das neue Befähigungskonzept sollte deshalb insbesondere auf die (zeitlichen) Ressourcen der Führungskräfte abgestimmt sein und in Form eines Online-Trainings erfolgen. So sollten die Führungskräfte in die Lage versetzt werden, das Online-Training bei Bedarf zu unterbrechen und an späterer Stelle weiterzuführen. Begleitet wurde das Online-Training weiterhin durch eine Follow-up-Toolbox, welche inhaltlich stark fokussiert wurde, sich chronologisch an den auszuführenden Schritten im Folgeprozess orientierte und eng mit den Inhalten und dem Design des Online-Trainings verknüpft wurde.

- *Vorgehen*

Zusammen mit den MAB-Verantwortlichen des Unternehmens wurden zunächst Grundprinzipien entwickelt, auf denen das Befähigungskonzept fußen sollte. In Anbetracht dessen, dass die Zielgruppe (Führungskräfte) vielen verschiedenen Verantwortlichkeiten gerecht werden muss und häufig knappe zeitliche Ressourcen hat, sollte das Befähigungskonzept möglichst simpel und effizient aufgebaut sein sowie motivierend wirken, um feedbackorientiert und positiv in die Folgephase zu starten und dieses positive Mindset auch auf die Mitarbeitenden zu übertragen. Um diese Motivation zu fördern, sollte das Befähigungskonzept zunächst die Autonomie der Führungskräfte fördern, indem es konkrete Vorschläge zum Ablauf und zu Moderationstechniken gab, die aber nicht verpflichtend sein sollten. Des Weiteren sollte es auf die Nützlichkeit und Wichtigkeit der MAB und insbesondere die des Folgeprozesses abheben und besonders den gemeinsamen und individuellen Nutzen hervorheben. Schließlich wurde aufgrund der Rolle als Führungskraft Basiswissen in der Moderation von Workshops vorausgesetzt.

Auf Basis dieser Grundprinzipien erfolgte die Befähigung der Führungskräfte in drei Schritten:

1. Motivation: In Zusammenarbeit mit einem externen Dienstleistenden wurde ein *Trailer* entwickelt, der insbesondere die Motivation fördern sollte, den Folgeprozess erfolgreich zu gestalten. Der Trailer wurde im Stil eines Erklärvideos unter der Verwendung von Infografiken und animierten Icons gestaltet. Weiterhin war es wichtig, dass im Sinne des Storytellings eine ansprechende Geschichte erzählt wurde, die einer klaren Struktur folgte. Schließlich wurde durch musikalische Unterlegung eine kurzweilige Atmosphäre geschaffen. Inhaltlich wurde auf eine hohe Beteiligungsrate an der MAB hingewiesen und die daraus erwachsende Verantwortung, gemeinsam an den Ergebnissen zu arbeiten und daraus zu lernen. Der Trailer informierte die Führungskräfte zusätz-

lich darüber, dass sie in einem 20-minütigen Online-Training auf ihre Rolle als Moderator_innen der Folgeworkshops vorbereitet werden sollten.

2. Information: Anschließend wurden die Führungskräfte in einer *Informations-E-Mail* kurze Zeit später über die Grundprinzipien des Online-Trainings und die Rahmenbedingungen informiert. Das Online-Training sollte im Intranet verfügbar sein und maximal 20 Minuten in Anspruch nehmen. Des Weiteren sollte den knappen zeitlichen Ressourcen der Führungskräfte weiter Rechnung getragen werden, indem das Online-Training in inhaltliche Abschnitte von jeweils ca. 2 bis 5 Minuten unterteilt war. Die Führungskraft konnte das Online-Training also nach Bedarf unterbrechen und an späterer Stelle weiter durchführen. Zusätzlich zum Online-Training wurde den Führungskräften die Follow-up-Toolbox digital zur Verfügung gestellt, welche inhaltlich eng an das Online-Training angepasst wurde.
3. Befähigung: Das Online-Training wurde in gleicher Weise wie der Trailer mittels der oben beschriebenen Prinzipien umgesetzt. Inhaltlich gab es zunächst eine kurze Einführung, woraufhin sich eine kurze Sequenz zur Rolle von Feedback in der Organisationsentwicklung anschloss, um die Führungskräfte in das richtige Mindset zu bringen. Inhaltlich ging es dann zunächst um die Vorbereitung des Workshops (z. B. Setup, Agenda, Vorbereitungscheckliste). Es folgten vier kurze Blöcke zur Durchführung des Folgeworkshops: Information über den Ablauf des Workshops und die Ergebnisse der MAB, Diskussion der Ergebnisse, Maßnahmenplanung und Nachhaltigkeit der Umsetzung von Maßnahmen. Zum Abschluss des Online-Trainings gab es einen Block zur erfolgreichen Kommunikation im und nach dem Folgeprozess (z. B. Kommunikation von Erfolgen im Team, Information über Maßnahmen anderer, Verbindung von Maßnahmen und Erfolgen mit MAB-Ergebnissen). Begleitend konnten die Führungskräfte die *Follow-up-Toolbox* zur weiteren Orientierung bei der Durchführung des Folgeprozesses nutzen. Diese gab zunächst einen Überblick über die Rollen und Verantwortlichkeiten der einzelnen Beteiligten im Folgeprozess vom Vorstand bis hin zu den Mitarbeitenden und stellte auch den zeitlichen Ablauf des Folgeprozesses dar. Der zweite große Block der Toolbox beschäftigte sich dann mit der Vorbereitung der eigentlichen Folgeworkshops und gab nützliche Tipps und Hinweise zur erfolgreichen Planung und Durchführung (z. B. Workshop-Setup, Workshop-Agenda, Checkliste zur Planung). Anschließend folgten Hinweise zur Moderation der Workshops (z. B. Nutzung von Moderationstechniken, Ursachenanalyse, Umgang mit schwierigen Situationen). Der letzte Teil der Toolbox bezog sich dann auf die Sicherung der Maßnahmen (z. B. Action Tool, Checkliste zur Maßnahmenplanung). Die Toolbox sollte so die einzelnen Abschnitte des Online-Trainings wieder aufgreifen und vertiefen. So wurde im Online-Training jeweils auch darauf verwiesen, wo sich in der Toolbox weitere Hinweise befinden. Die Toolbox sollte es so den Führungskräften erleichtern, die Inhalte aus dem Online-Training in die Praxis umzusetzen und als stark anwendungsbezogene Durchführungshilfe in der Steuerung und Ausgestaltung des weiteren Folgeprozesses unterstützen.

- *Resümee*

Wichtig in diesem Projekt war es, den Dreischritt von Motivation, Information und Befähigung in einer Art und Weise umzusetzen, welche die Zielgruppe für die MAB und den Folgeprozess begeistern und befähigen sollte. Dabei war es insbesondere wichtig, die Schulung informativ, ansprechend und effizient zu gestalten. Durch Gestaltungselemente, wie einen Trailer oder ein Online-Training, welches ggf. unterbrochen und später weitergeführt werden konnte, war eine Passung zu den Bedürfnissen der Zielgruppe gegeben. Die Umsetzung der Schulung durch kurzweilige Erklärvideos sollte den eher trockenen Schulungscharakter verhindern und weiter zur Motivation der Führungskräfte beitragen.

5.3.2 Stakeholderspezifisches Reporting im Folgeprozess der MAB

Ingrid Feinstein (IPSOS) & Albrecht C.P. Küfner (Deutsche Bahn AG)

- *Hintergrund*

Die Deutsche Bahn AG führt alle zwei Jahre eine konzernweite MAB nach klassischem Format durch: eher breites Themenspektrum (ca. 70 Fragen verteilt auf 14 Themenfelder) mit tiefer Auswertung bis auf Teamebene. Mehr als 320.000 Beschäftigte nehmen in ca. 80 Ländern in über 30 Sprachen teil. Bis zu 20.000 Ergebnisberichte werden erstellt und an die Führungskräfte verteilt. Im Folgeprozess liegt ein starker Fokus auf der Teamebene. Alle Führungskräfte sind aufgefordert, einen Teamworkshop mit ihren direkt zugeordneten Mitarbeitern (Direct Report) durchzuführen, wobei sie durch interne oder externe Moderator_innen unterstützt werden. Dieses Vorgehen hat sich v.a. in den ersten beiden Durchführungswellen als sehr wirksam erwiesen, mit relativ hoher Zufriedenheit in den Teams. Seit der letzten Durchführungswelle gibt es zunehmend auch Stimmen, die sich eine höhere Wirksamkeit i.S.v. stärker spürbaren Veränderungen wünschen. Bereits bekannte Herausforderungen im Konzept der MAB werden dabei adressiert:

- Gerade übergeordnete strukturelle oder kulturelle Themen (bspw. unternehmensweite Kommunikation und übergreifende Zusammenarbeit) lassen sich nicht gänzlich wirksam auf Teamebene bearbeiten: Eine wiederholte thematische Auseinandersetzung mit diesen Themen ohne das Gefühl, dass auf der Ebene mit entsprechender Entscheidungsmacht oder tatsächlich auch übergreifend daran gearbeitet wird, führt langfristig zu Frustration.
- Mit der Vielfalt der Themen geht auch einher, dass unterschiedliche Ebenen im DB-Konzern angesprochen werden (Teamebene, Regionalebene, Bereichs-

ebene, Konzernebene) und die Verantwortungszuschreibung komplex und oftmals im Vorfeld ungeklärt ist. Dies führt schnell zu einem „Durchreichen“, was den Effekt der Mitarbeitendenrückmeldung allein durch den Zeitverzug stark schwächt und schließlich dazu führen kann, dass ein wichtiges Thema ganz „hinten runterfällt“.

Das Projektteam der Deutschen Bahn hat in der Folge gemeinsam mit dem Dienstleistenden ein differenziertes Reporting aufgesetzt, das stärker zwischen Team-Themen auf Teamebene und übergeordneten Themen auf Top-Managementebene unterscheidet. Ziel war es, auf Top-Managementebene die übergeordneten Themen stärker zu betonen, um die Verantwortung klarer zu verorten und letztlich die Komplexität auf Teamebene zu reduzieren.

- *Vorgehen*

Die Ergebnisberichte sind wichtige Impulsgeber im Folgeprozess, weil über die Aufbereitung der Ergebnisse die Relevanz von bestimmten Themen hervorgehoben werden kann und andere Themen gleichzeitig stärker in den Hintergrund rücken. Gerade bei einer großen Themenvielfalt ist eine gute Verdichtung der Ergebnisse unerlässlich, um die Führungskräfte bei der Erarbeitung ihrer Interpretation zu unterstützen. Es sollte schnell ersichtlich werden, welche Themen mit höherer Priorität zu bearbeiten sind und welche Themen im weiteren Prozess eine nachgelagerte Rolle spielen.

Der Ergebnisbericht der Deutschen Bahn enthält neben klassischen statistischen Kennzahlen (Mittelwerte, Häufigkeiten) und Rankings auch ein Handlungsportfolio, in dem die Führungskräfte die jeweilige Priorität der Themen leicht ablesen können. Die Priorität ergibt sich dabei aus dem Bewertungsniveau (gemessen am eigenen Durchschnitt „gut“ oder „schlecht“) sowie dem Einfluss des jeweiligen Themas auf die Zielgröße, in diesem Fall das Engagement der Mitarbeitenden. Diese Einflüsse werden individuell für ausreichend große Gruppen mittels einer Treiberanalyse berechnet, wodurch jede Führungskraft über ein individuelles Handlungsportfolio verfügt. Auch bedingt durch den starken Fokus auf die Teamebene im Folgeprozess wurden bislang in dieser Betrachtung des Handlungsportfolios v. a. Themen mit stärkerem Teambezug gezeigt. Viele eher übergeordnete Themen wie bspw. das Strategieverständnis sind nicht mit eingeflossen.

Das Projektteam der Deutschen Bahn hat gemeinsam mit dem Dienstleistenden in einem ersten Schritt den Fragebogen überarbeitet und stärker nach Themen differenziert mit Fokus auf Teamebene und übergeordnete Themen. Dies hat zum einen zu einer Aufteilung von Themenfeldern geführt (siehe Tabelle 23). So wurde bspw. das bisherige Themenfeld Kommunikation, Information und Einbindung aufgeteilt in zwei separate Themen: Kommunikation und Information (Thema 1) sowie Einbindung (Thema 2). Zum anderen wurden neue Themenfelder im Modell ergänzt (bspw. konzernweite Zusammenarbeit). An dieser Stelle ist es wichtig zu erwähnen, dass sich der strategische Charakter eines Themas nicht nur über den Inhalt, sondern auch aus der Auswertungs- bzw. Aggregationsebene ergibt: Aus der aggregierten Betrachtung resultieren zwingend auch strategische Implikationen – allerdings befindet sich der Aktionsanker auf unterschiedlichen bzw. unteren Ebenen. Die Teamkultur ist bspw. ein Thema, das auch nur im Team sinnvoll diskutiert werden kann. Zur übergreifenden Zusammenarbeit zwischen Teams muss wiederum auf höheren Ebenen ein integrierender Austausch stattfinden.

Tabelle 23: Darstellung des Befragungsmodells mit Unterteilung der Inhalte

Themen mit stärkerem Teambezug	Aufgaben und Tätigkeiten
	Arbeitsbedingungen
	Arbeitszeitgestaltung
	Kommunikation und Information
	Einbindung
	Zusammenarbeit
	Weiterentwicklung
	Meine direkte Führungskraft
	Kundenfokus und Qualität
Übergeordnete/strategische Themen	Konzernweite Zusammenarbeit
	Unternehmensweiter Dialog
	Leistungskultur
	Strategie

Basierend auf der Einteilung in teambezogene und übergeordnete Themen wurden zwei Treiberanalysen berechnet und entsprechend zwei Berichtsvorlagen entwickelt, die stringent am jeweiligen Modell ausgerichtet sind (Team-Modell und übergeordnetes Modell). Damit wurde für das Top-Management erstmalig die Relevanz der übergeordneten Themenfelder im Kontext bisheriger Themen im Folgeprozess sichtbar mit der klaren Botschaft, dass die Verantwortung für diese Themen v.a. auch dort liegt.

- *Resümee*

In vielen Bereichen hat das erweiterte Modell gute neue Perspektiven in die Ergebnisdiskussion miteingebracht. Wichtige übergeordnete Themen haben in der Folge größere Aufmerksamkeit erfahren und wurden stärker in Maßnahmen auf DB-Konzernebene verankert. Diskussionen in einzelnen Führungskreisen auf Top-Ebene haben ebenfalls gezeigt, dass die differenzierte Betrachtung hilfreiche Impulse setzt und der besseren Interpretation der Ergebnisse dient. Auf Teamebene war die deutlich konsequentere Einschränkung der Themen hilfreich, um den Fokus sehr klar nur auf dic Themen zu legen, die auch vorranging im Team bearbeitet werden können. Themen, für die v.a. ein übergreifender Ansatz und damit eine starke Verankerung im Management notwendig ist, konnten somit in der weiteren Maßnahmendiskussion stärker ausgeblendet werden. Dies beschleunigte die Auswahl der Handlungsfelder und half zu verhindern, dass sich Diskussionen mit Themen aufhielten, die im Team nicht hinreichend entschieden werden konnten.

Eine Schwierigkeit lag in der klaren Definition, bis zu welcher Ebene übergeordnete Themen eine Rolle spielen bzw. wie tief das übergeordnete Modell heruntergebrochen werden soll. Hier wurde eher aus pragmatischen Gründen eine sehr einfache Regel festgelegt, die aber nicht allen Bereichen gerecht werden konnte. Pauschal wurde diese Auswertung nur bis auf eine Ebene unter dem Vorstand angewendet. Eine weitere Differenzierung innerhalb sehr großer Bereiche wäre sinnvoll, da auch hier die strategische Relevanz von Themen weiterhin hoch ist. Für die Zukunft muss ein differenzierter Ansatz geprüft werden.

Eine weitere Herausforderung lag in der Information über die unterschiedlichen Modelle. Auch bedingt durch die Historie, bestimmte Lerneffekte und Erwartungen aus der Vergangenheit müssen diese Veränderungen sehr klar und einfach kommuniziert werden. Es empfiehlt sich darüber hinaus, frühzeitig die betroffenen Stakeholder, in erster Linie Vertreter_innen aus dem Top-Management und weiteren Führungsebenen, einzubinden. Ziel muss es sein, den Bedarf genau zu verstehen und daraufhin Themen und Ebenen zu differenzieren. Die Zuordnung der Themen und Verantwortlichkeiten ist ein wichtiger Hebel, um schließlich die Akzeptanz des Instruments, dessen Wirksamkeit und v.a. die Motivation der Führungskräfte zu fördern, für den weiteren Prozess Verantwortung zu übernehmen. Je früher dieser Match erfolgt, umso eher können wichtige Weichen im Befragungskonzept gestellt werden. Eine Strategie kann bspw. auch die klare Aufteilung und Trennung in einzelne, fokussierte Instrumente bedeuten, die im Rahmen einer Feedbacklandschaft zu einem Gesamtkonzept zusammengeführt werden. Die gewählte Strategie bei der Deutschen Bahn hat sich als sinnvoller Weg erwiesen, diese Passung innerhalb einer Befragung (v.a. im Zuge des Reportings) stärker herbeizuführen und trotz hoher Themenvielfalt und unterschiedlichen Ebenen der Verantwortung eine gute Orientierung in der weiteren Bearbeitung der Ergebnisse zu schaffen.

6 Literaturempfehlungen

Borg, I. (2015). *Mitarbeiterbefragungen in der Praxis*. Göttingen: Hogrefe.

Jöns, I. & Bungard, W. (Hrsg.). (2018). *Feedbackinstrumente im Unternehmen. Grundlagen, Gestaltungshinweise, Erfahrungsberichte* (2. Aufl.). Wiesbaden: Springer Gabler.

Linke, R. (2018). *Mitarbeiterbefragungen optimieren. Von der Befragung zum wirksamen Management-Instrument*. Wiesbaden: Springer Gabler.

7 Literatur

Ajzen, I. (1991). The theory of planned behavior. *Organizational Behavior and Human Decision Processes, 50*(2), 179–211. https://doi.org/10.1016/0749-5978(91)90020-T

Algermissen, L., Dermann, G. & Niehaves, B. (2005). Barrierefreiheit für Webseiten von Bund, Ländern und Gemeinden. *Wirtschaftsinformatik, 47*(5), 378–382. https://doi.org/10.1007/bf03251478

Angrave, D., Charlwood, A., Kirkpatrick, I., Lawrence, M. & Stuart, M. (2016). HR and analytics: Why HR is set to fail the big data challenge. *Human Resource Management Journal, 26*(1), 1–11. https://doi.org/10.1111/1748-8583.12090

Anseel, F., Lievens, F., Schollaert, E. & Choragwicka, B. (2010). *Response Rates in Organizational Science*, 1995–2008: A Meta-analytic Review and Guidelines for Survey Researchers. *Journal of Business and Psychology, 25*(3), 335–349. https://doi.org/10.1007/s10869-010-9157-6

Argyris, C. & Schön, D.A. (1997). *Organizational Learning: A Theory of Action Perspective*. Reading, MA: Addison Wesley. https://doi.org/10.2307/40183951

Armenakis, A.A. & Bedeian, A.G. (1999). Organizational Change: A Review of Theory and Research in the 1990s. *Journal of Management, 25*(3), 293–315. https://doi.org/10.1177/014920639902500303

Arrow, K.J., Forsythe, R., Gorham, M., Hahn, R., Hanson, R., Ledyard, J.O. et al. (2008). The Promise of Prediction Markets. *Science, 320*(5878), 877–878. https://doi.org/10.1126/science.1157679

Azen, R. & Budescu, D.V. (2006). Comparing Predictors in Multivariate Regression Models: An Extension of Dominance Analysis. *Journal of Educational and Behavioral Statistics, 31*(2), 157–180. https://doi.org/10.3102/10769986031002157

Bakker, A.B. & Demerouti, E. (2008). Towards a model of work engagement. *Career Development International, 13*(3), 209–223. https://doi.org/10.1108/13620430810870476

Bartunek, J.M. & Woodman, R.W. (2015). Beyond Lewin: Toward a Temporal Approximation of Organization Development and Change. *Annual Review of Organizational Psychology and Organizational Behavior, 2*(1), 157–182. https://doi.org/10.1146/annurev-orgpsych-032414-111353

Baruch, Y. & Holtom, B.C. (2008). Survey response rate levels and trends in organizational research. *Human Relations, 61*(8), 1139–1160. https://doi.org/10.1177/0018726708094863

Bassi, L. (2011). Raging debates in HR analytics. *People and Strategy, 34*(2), 14–18.

Bergmann, D. & Jakobuß, L. (2015). Die RAG Mitarbeiterbefragung. In F. Gehring, J. Schroer, H. Rexroth & A. Bischof (Hrsg.), *Die Mitarbeiterbefragung: Wie Sie das Feedback Ihrer Mitarbeiter für den Unternehmenserfolg nutzen* (S. 176–197). Stuttgart: Schäffer-Poeschel.

Bergstrom, B.A. & Lunz, M.E. (1998). *Rating Scale Analysis: Gauging the Impact of Positively and Negatively Worded Items.* Paper presented at the Annual Meeting of the American Educational Research Association, San Diego, CA.

Björklund, C., Grahn, A., Jensen, I. & Bergström, G. (2007). Does survey feedback enhance the psychosocial work environment and decrease sick leave? *European Journal of Work and Organizational Psychology, 16*(1), 76–93. https://doi.org/10.1080/13594320601112169

Bladowski, B. (2007). Handlungsimplikatives Reporting. In W. Bungard, K. Müller & C. Niethammer (Hrsg.), *Mitarbeiterbefragung – Was dann …?* (S. 132–139). Heidelberg: Springer.

Boer, D., Hanke, K. & He, J. (2018). On Detecting Systematic Measurement Error in Cross-Cultural Research: A Review and Critical Reflection on Equivalence and Invariance Tests.

Journal of Cross-Cultural Psychology, 49(5), 713–734. https://doi.org/10.1177/0022022117749042

Borg, I. (1997). Mitarbeiterbefragungen im Rahmen des Auftau- und Einbindungsmanagement-Programms (AEMP): Entwicklungen und Erfahrungen. In W. Bungard & I. Jöns (Hrsg.), *Mitarbeiterbefragung. Ein Instrument des Innovations- und Qualitätsmanagements* (S. 59–73). Weinheim: Beltz.

Borg, I. (2003). *Führungsinstrument Mitarbeiterbefragung: Theorien, Tools und Praxiserfahrungen* (3. Aufl.). Göttingen: Hogrefe.

Borg, I. (2015). *Mitarbeiterbefragungen in der Praxis.* Göttingen: Hogrefe.

Borg, I. (2017). Mitarbeiterbefragungen. In M. A. Wirtz (Hrsg.), *Dorsch – Lexikon der Psychologie.* Abgerufen von https://dorsch.hogrefe.com/stichwort/mitarbeiterbefragungen

Borg, I. & Mastrangelo, P. M. (2008). *Employee surveys in management: Theories, tools, and practical applications.* Göttingen: Hogrefe & Huber Publishers.

Borg, I. & Zimmermann, M. (2006). How to Create Presentations the Spark Action. In A. I. Kraut (Ed.), *Getting Action from Organizational Surveys* (pp. 401–426). San Francisco, CA: Jossey Bass.

Borg, I. & Zuell, C. (2012). Write-in comments in employee surveys. *International Journal of Manpower, 33*(2), 206–220. https://doi.org/10.1108/01437721211225453

Born, D. H. & Mathieu, J. E. (1996). Differential Effects of Survey-Guided Feedback: The Rich Get Richer and the Poor Get Poorer. *Group & Organization Management, 21*(4), 388–403. https://doi.org/10.1177/1059601196214002

Bosnjak, M., Tuten, T. L. & Wittmann, W. W. (2005). Unit (non)response in web-based access panel surveys: An extended planned-behavior approach. *Psychology and Marketing, 22*(6), 489–505. https://doi.org/10.1002/mar.20070

Boudreau, J. W., Cascio, W. F. & Fink, A. A. (2019). *Investing in People: Financial Impact of Human Resource Initiatives.* Alexandria, VA: Society for Human Resource Management.

Boudreau, J. W. & Ramstad, P. M. (2007). *Beyond HR: The new science of human capital.* Boston, MA: Harvard Business Press.

Bowers, D. G. (1973). OD Techniques and Their Results in 23 Organizations: The Michigan ICL Study. *The Journal of Applied Behavioral Science, 9*(1), 21–43. https://doi.org/10.1177/002188637300900103

Bowers, D. G. & Hausser, D. L. (1977). Work Group Types and Intervention Effects in Organizational Development. *Administrative Science Quarterly, 22*(1), 76–94. https://doi.org/10.2307/2391747

Bracken, D. W. (1992). Benchmarking employee attitudes. *Training & Development, 46*(6), 49–54.

Bradfisch, J. (2012). AGG. In C. Scholz, S. Müller & F. Eichhorn (Hrsg.), *Mitarbeiterbefragung. Aktuelle Trends und hilfreiche Tipps* (S. 82–84). München: Hampp.

Brislin, R. W. (1986). The wording and translation of research instruments. In W. J. Lonner & J. W. Berry (Eds.), *Field methods in cross-cultural research* (pp. 137–164). Newbury Park, CA: Sage.

Brodbeck, F. C. & Woschée, R. (2013). Grundlagen und Möglichkeiten eines evidenzbasierten Personalmanagements. In K. Schwuchow & J. Gutmann (Hrsg.), *Personalentwicklung 2013: Themen, Trends, Best Practices* (S. 19–29). Freiburg: Haufe.

Bruder, M. & Gehring, F. (2016). *Vom Wert zur Tat: Die Einordnung der Ergebnisse.* Verfügbar unter: https://www.personalwirtschaft.de/fuehrung/mitarbeiterbefragungen/artikel/vom-wert-zur-tat-die-einordnung-der-ergebnisse.html

Bruggemann, A. (1974). Zur Unterscheidung verschiedener Formen von „Arbeitszufriedenheit“. *Arbeit und Leistung, 28*, 281–284.

Budescu, D.V. (1993). Dominance analysis: A new approach to the problem of relative importance of predictors in multiple regression. *Psychological Bulletin, 114*(3), 542–551. https://doi.org/10.1037/0033-2909.114.3.542

Bundesministerium für Arbeit und Soziales (o.J.). *Barrierefreie Informationstechnik-Verordnung 2.0*. Verfügbar unter: https://www.bmas.de/DE/Service/Gesetze/barrierefreie-informationstechnik-verordnung-2-0.html

Bungard, W. (2018). Mitarbeiterbefragungen. In I. Jöns & W. Bungard (Hrsg.), *Feedbackinstrumente im Unternehmen* (S. 173–190). Wiesbaden: Springer Gabler.

Bungard, W., Müller, K. & Niethammer, C. (Hrsg.). (2007). *Mitarbeiterbefragung – Was dann ...? MAB und Folgeprozesse erfolgreich gestalten*. Heidelberg: Springer. https://doi.org/10.1007/978-3-540-47841-6

Bungard, W., Niethammer, C., Müller, K., Feinstein, I., Jöns, I., Hodapp, M. & Liebig, C. (2007). Follow-up-Prozesse gezielt steuern. In W. Bungard, K. Müller & C. Niethammer (Hrsg.), *Mitarbeiterbefragung – Was dann ...?* (S. 69–108). Heidelberg: Springer. https://doi.org/10.1007/978-3-540-47841-6_3

Bushe, G.R. & Marshak, R.J. (2009). Revisioning Organization Development: Diagnostic and Dialogic Premises and Patterns of Practice. *The Journal of Applied Behavioral Science, 45*(3), 348–368. https://doi.org/10.1177/0021886309335070

Buskirk, T.D. & Andrus, C. (2012). Smart Surveys for Smart Phones: Exploring Various Approaches for Conducting Online Mobile Surveys via Smartphones. *Survey Practice, 5*(1), 1–11. https://doi.org/10.29115/SP-2012-0001

Büssing, A. (1991). Struktur und Dynamik von Arbeitszufriedenheit: Konzeptuelle und methodische Überlegungen zu einer Untersuchung verschiedener Formen von Arbeitszufriedenheit. In L. Fischer (Hrsg.), *Arbeitszufriedenheit* (S. 85–114). Göttingen: Hogrefe.

Caldwell, B., Cooper, M., Reid, L.G. & Vanderheiden, G. (2008). *Web content accessibility guidelines (WCAG) 2.0*. Retrieved from https://www.w3.org/WAI/WCAG20/versions/guidelines/wcag20-guidelines-20081211-a4.pdf

Callegaro, M. (2005). *Origins and developments of the cognitive models of answering questions in survey research*. Paper presented at the 1st annual meeting of the European Association for Survey Research (EASR), July 18–22, Barcelona.

Campbell, D.T., Brislin, R., Stewart, V. & Werner, O. (1970). Back-translation and other translation techniques in cross-cultural research. *International Journal of Psychology, 30*, 681–692.

Cannell, C.F., Miller, P.V. & Oksenberg, L. (1981). Research on Interviewing Techniques. *Sociological Methodology, 12*, 389–437. https://doi.org/10.2307/270748

Caspers, T. (2019). *Die barrierefreie Durchführung einer Onlinebefragung*. Verfügbar unter: https://www.einfach-fuer-alle.de/artikel/barrierefreie-online-umfrage/

Chan, D. (1998). Functional relations among constructs in the same content domain at different levels of analysis: A typology of composition models. *Journal of Applied Psychology, 83*(2), 234–246. https://doi.org/10.1037/0021-9010.83.2.234

Chen, C., Lee, S. & Stevenson, H.W. (1995). Response Style and Cross-Cultural Comparisons of Rating Scales Among East Asian and North American Students. *Psychological Science, 6*(3), 170–175. https://doi.org/10.1111/j.1467-9280.1995.tb00327.x

Chen, X.A., Grossman, T. & Fitzmaurice, G. (2014). Swipeboard: A text entry technique for ultra-small interfaces that supports novice to expert transitions. *Proceedings of the 27th Annual ACM Symposium on User Interface Software and Technology (UIST '14), Honolulu, Hawaii, USA*, 615–620. https://doi.org/10.1145/2642918.2647354

Christensen-Szalanski, J. J. J. & Willham, C. F. (1991). The hindsight bias: A meta-analysis. *Organizational Behavior and Human Decision Processes, 48*(1), 147–168. https://doi.org/10.1016/0749-5978(91)90010-Q

Church, A. H. & Waclawski, J. (2017). *Designing and Using Organizational Surveys*. New York, NY: Routledge. https://doi.org/10.4324/9781315258119

Clarke, I. (2000). Extreme Response Style in Cross-Cultural Research: An Empirical Investigation. *Journal of Social Behavior and Personality, 56*(1), 89–110.

Clore, G. L., Gasper, K. & Garvin, E. (2001). Affect as information. In J. P. Forgas (Ed.), *Handbook of affect and social cognition* (pp. 121–144). Mahwah, NJ: Lawrence Erlbaum Associates.

Coco, C. T. (2011). Connecting people investments and business outcomes at Lowe's: Using value linkage analytics to link employee engagement to business performance. *People and Strategy, 34*(2), 28–33.

Cohen, J. & Cohen, P. (1983). *Applied multiple regression/correlation analysis for the behavioral sciences* (2nd ed.). Hillsdale, NJ: Lawrence Erlbaum Associates.

Colihan, J. & Waclawski, J. (2006). Pulse surveys: A limited approach with some unique advantages. In A. I. Kraut (Ed.), *Getting action from organizational surveys* (pp. 264–293). San Francisco, CA: Jossey Bass.

Comelli, G. (1997). Mitarbeiterbefragungen und Organisationsentwicklungsprozesse. In W. Bungard & I. Jöns (Hrsg.), *Mitarbeiterbefragung. Ein Instrument des Innovations- und Qualitätsmanagements* (S. 33–57). Weinheim: Beltz.

Conlon, E. J. & Short, L. O. (1984). Survey feedback as a large-scale change device: An empirical examination. *Group & Organization Studies, 9*(3), 399–416.

Cook, C., Heath, F. & Thompson, R. L. (2000). A Meta-Analysis of Response Rates in Web- or Internet-Based Surveys. *Educational and Psychological Measurement, 60*(6), 821–836. https://doi.org/10.1177/00131640021970934

Couper, M. P. (2005). Technology trends in survey data collection. *Social Science Computer Review, 23*(4), 486–501. https://doi.org/10.1177/0894439305278972

Cowgill, B., Wolfers, J. & Zitzewitz, E. (2009). Using Prediction Markets to Track Information Flows: Evidence from Google. In S. Das, M. Ostrovsky, D. Pennock & B. Szymanksi (Eds.), *Auctions, Market Mechanisms and Their Applications* (pp. 3–3). Berlin: Springer. https://doi.org/10.1007/978-3-642-03821-1_2

Cycyota, C. S. & Harrison, D. A. (2006). What (Not) to Expect When Surveying Executives: A Meta-Analysis of Top Manager Response Rates and Techniques Over Time. *Organizational Research Methods, 9*(2), 133–160. https://doi.org/10.1177/1094428105280770

Däubler, W. (2017). *Gläserne Belegschaften: Das Handbuch zum Beschäftigtendatenschutz*. Frankfurt: Bund Verlag.

De Beuckelaer, A. & Lievens, F. (2009). Measurement Equivalence of Paper-and-Pencil and Internet Organisational Surveys: A Large Scale Examination in 16 Countries. *Applied Psychology, 58*(2), 336–361. https://doi.org/10.1111/j.1464-0597.2008.00350.x

De Boer, C. (1978). The polls: Attitudes toward work. *The Public Opinion Quarterly, 42*(3), 414–423. https://doi.org/10.1086/268467

De Dreu, C. K. W. & Nauta, A. (2009). Self-interest and other-orientation in organizational behavior: Implications for job performance, prosocial behavior, and personal initiative. *Journal of Applied Psychology, 94*(4), 913–926. https://doi.org/10.1037/a0014494

de Waal, A. A. (2007). The characteristics of a high performance organization. *Business Strategy Series, 8*(3), 179–185. https://doi.org/10.1108/17515630710684178

Deitering, F. G. (2006). *Folgeprozesse bei Mitarbeiterbefragungen*. München: Hampp.

Denton, D.K. (2012). Corporate intranets place information on the dashboard: Big-picture feedback puts HR in the driving seat. *Human Resource Management International Digest, 20*(4), 31–35. https://doi.org/10.1108/09670731211233348

Derickson, R., Yanchus, N.J., Bashore, D. & Osatuke, K. (2019). Collecting and reporting employee feedback for large organizations: Tips from the Department of Veterans Affairs. *The Psychologist-Manager Journal, 22*(2), 74–90. https://doi.org/10.1037/mgr0000087

Deterding, S., Dixon, D., Khaled, R. & Nacke, L. (2011). From game design elements to gamefulness: Defining „gamification". *Proceedings of the 15th International Academic MindTrek Conference on Envisioning Future Media Environments (MindTrek '11), Tampere, Finland,* 9–15. https://doi.org/10.1145/2181037.2181040

Deutsches Institut für Normung e.V. (DIN). (2008). *DIN EN ISO 9241-171:2008-10. Ergonomie der Mensch-System-Interaktion – Teil 171: Leitlinien für die Zugänglichkeit von Software. Deutsche Fassung.* Berlin: Beuth.

Diener, E., Napa-Scollon, C.K., Oishi, S., Dzokoto, V. & Suh, E.M. (2000). Positivity and the Construction of Life Satisfaction Judgments: Global Happiness is not the Sum of its Parts. *Journal of Happiness Studies, 1*(2), 159–176. https://doi.org/10.1023/A:1010031813405

Dillman, D.A. (2000). *Mail and internet surveys: The tailored design method* (2nd ed.). New York, NY: Wiley.

DiStefano, C. & Motl, R.W. (2006). Further Investigating Method Effects Associated With Negatively Worded Items on Self-Report Surveys. *Structural Equation Modeling: A Multidisciplinary Journal, 13*(3), 440–464. https://doi.org/10.1207/s15328007sem1303_6

Disterer, G. & Kleiner, C. (2014). *Mobile Endgeräte im Unternehmen: Technische Ansätze, Compliance-Anforderungen, Management.* Wiesbaden: Springer. https://doi.org/10.1007/978-3-658-07024-3

Domsch, M.E. & Ladwig, D. (Hrsg.). (2013). *Handbuch Mitarbeiterbefragung.* Berlin: Springer. https://doi.org/10.1007/978-3-642-35295-9

Drasgow, F. & Hulin, C.L. (1990). Item response theory. In M.D. Dunette & L.M. Hough (Eds.), *Handbook of industrial and organizational psychology* (pp. 577–636). Palo Alto, CA: Consulting Psychologists Press.

Edwards, J.E., Thomas, M.D., Rosenfeld, P. & Booth-Kewley, S. (1997). *How to Conduct Organizational Surveys: A Step-by-Step Guide.* Thousand Oaks, CA: Sage. https://doi.org/10.4135/9781452231563

Egan, T.M., Yang, B. & Bartlett, K.R. (2004). The effects of organizational learning culture and job satisfaction on motivation to transfer learning and turnover intention. *Human Resource Development Quarterly, 15*(3), 279–301. https://doi.org/10.1002/hrdq.1104

Esser, H. (1985). *Befragtenverhalten als „rationales Handeln" – Zur Erklärung von Antwortverzerrungen in Interviews* (ZUMA-Arbeitsbericht 1985/01). Mannheim: Zentrum für Umfragen, Methoden und Analysen (ZUMA). Verfügbar unter: https://nbn-resolving.org/urn:nbn:de:0168-ssoar-70425

Esser, H. (1986). Können Befragte lügen? Zum Konzept des „wahren Wertes" im Rahmen der handlungstheoretischen Erklärung von Situationseinflüssen bei der Befragung. *Kölner Zeitschrift für Soziologie und Sozialpsychologie, 38,* 314–336.

European Telecommunications Standards Institute (ETSI) et al. (2019). *Accessibility requirements for ICT products and services (EN 301 549). Harmonised European Standard.* Retrieved from https://www.etsi.org/deliver/etsi_en/301500_301599/301549/03.01.01_60/en_301549v030101p.pdf

Felfe, J. (2019). Organisationsdiagnose. In H. Schuler & K. Moser (Hrsg.), *Lehrbuch Organisationspsychologie* (6. Aufl., S. 345–382). Bern: Hogrefe.

Fenlason, J. R. & Suckow-Zimberg, K. (2006). Online Surveys: Critical Issues in Using the Web to Conduct Surveys. In A. I. Kraut (Ed), *Getting Action from Organizational Surveys* (pp. 183–212). San Francisco, CA: Jossey Bass.

Fields, D. (2002). *Taking the Measure of Work: A Guide to Validated Scales for Organizational Research and Diagnosis*. Thousand Oaks, CA: Sage. https://doi.org/10.4135/9781452231143

Folkman, J. (1996). *Turning Feedback Into Change! 31 Principles for Managing Personal Development Through Feedback*. Provo, UT: Novations Group.

Fowler, F. F. (1984). *Survey research methods*. Beverly Hills, CA: Sage.

Frieg, P. (2018). *Mitarbeiterbefragungen: Follow-Up-Studie bei 200 Top-Unternehmen der DACH-Region* [Vortragsfolien]. Verfügbar unter: http://www.testentwicklung.de/mam/awt11_mitarbeiterbefragungen.pdf

Frieg, P. & Hossiep, R. (2018). Mitarbeiterbefragungen – Bei den Unternehmen nach wie vor ein etablierter Klassiker. *Wirtschaftspsychologie aktuell, 25*(4), 13–16.

Gabelica, C., van den Bossche, P., Segers, M. & Gijselaers, W. (2012). Feedback, a powerful lever in teams: A review. *Educational Research Review, 7*(2), 123–144. https://doi.org/10.1016/j.edurev.2011.11.003

Galesic, M. & Bosnjak, M. (2009). Effects of Questionnaire Length on Participation and Indicators of Response Quality in a Web Survey. *Public Opinion Quarterly, 73*(2), 349–360. https://doi.org/10.1093/poq/nfp031

Gehring, F., Schroer, J., Rexroth, H. & Bischof, A. (Hrsg.). (2015). *Die Mitarbeiterbefragung – Wie Sie das Feedback Ihrer Mitarbeiter für den Unternehmenserfolg nutzen*. Stuttgart: Schäffer-Poeschel.

Gola, P. (2013). *Mitarbeiterbefragungen – Datenschutzrechtliche Vorgaben und Grenzen: Offenbarungspflicht und Schweigerecht bei der Datenerhebung*. Abgerufen von https://beck-online.beck.de

Grant, A. M. (2008). Does intrinsic motivation fuel the prosocial fire? Motivational synergy in predicting persistence, performance, and productivity. *Journal of Applied Psychology, 93*(1), 48–58. https://doi.org/10.1037/0021-9010.93.1.48

Gray, R. (2018). *A guide to successful employee survey research*. Palm Springs, CA: Insight Link Communications.

Grützner, L. (2018). *Mitarbeiter befragen – Auch ohne den Betriebsrat?* Verfügbar unter: https://www.arbeitsrecht-weltweit.de/2018/06/07/mitarbeiter-befragen-auch-ohne-den-betriebsrat/

Hamari, J., Koivisto, J. & Sarsa, H. (2014). *Does Gamification Work? A Literature Review of Empirical Studies on Gamification*. Paper presented at the 47th Hawaii International Conference on System Sciences, January 6–9, Hawaii, USA. https://doi.org/10.1109/HICSS. 2014.377

Harrison, D. A., Newman, D. A. & Roth, P. L. (2006). How Important are Job Attitudes? Meta-Analytic Comparisons of Integrative Behavioral Outcomes and Time Sequences. *Academy of Management Journal, 49*(2), 305–325. https://doi.org/10.5465/amj.2006.20786077

Harter, J. K., Schmidt, F. L., Agrawal, S., Plowman, S. K. & Blue, A. (2013). *The relationship between engagement at work and organizational outcomes*. Washington, D.C.: Gallup.

Henseler, J., Ringle, C. M. & Sinkovics, R. R. (2009). The use of partial least squares path modeling in international marketing. In R. R. Sinkovics & P. N. Ghauri (Eds.), *Advances in International Marketing* (pp. 277–319). Bingley, UK: Emerald. https://doi.org/10.1108/S1474-7979(2009)0000020014

Herzberg, F., Mausner, B. & Snyderman, B. B. (1959). *The motivation to work*. New York, NY: Wiley.

Heskett, J. L., Jones, T. O., Loveman, G. W., Sasser, W. E. & Schlesinger, L. A. (1994). Putting the service-profit chain to work. *Harvard business review, 72*(2), 164–174.

Hinkin, T. R. (1998). A Brief Tutorial on the Development of Measures for Use in Survey Questionnaires. *Organizational Research Methods, 1*(1), 104–121. https://doi.org/10.1177/109442819800100106

Hinrichs, S. (2009). *Gestaltungsraster für Betriebs- und Dienstvereinbarungen. Thema Mitarbeiterbefragung.* Düsseldorf: Hans-Böckler-Stiftung. Verfügbar unter: https://www.boeckler.de/pdf/mbf_bvd_gr_mitarbeiterbefragung.pdf

Hodapp, M. (2007). Maßnahmen-Monitoring und-Controlling. In W. Bungard, K. Müller & C. Niethammer (Hrsg.), *Mitarbeiterbefragung – Was dann …?* (S. 170–178). Heidelberg: Springer. https://doi.org/10.1007/978-3-540-47841-6

Hodapp, M. (2017). *Die Wirksamkeit von Mitarbeiterbefragungen: Untersuchungen der Einflussfaktoren auf Umsetzungsgrad und Effektivität von Mitarbeiterbefragungen und ihrer Folgeprozesse.* Dissertation, Universität Mannheim.

Hodapp, M. & Bungard, W. (2018). Die Wirksamkeit von Mitarbeiterbefragungen. In I. Jöns & W. Bungard (Hrsg.), *Feedbackinstrumente im Unternehmen* (S. 257–269). Wiesbaden: Springer Gabler. https://doi.org/10.1007/978-3-658-20759-5_13

Hofmann, D. A. (2004). Issues in Multilevel Research: Theory Development, Measurement, and Analysis. In S. G. Rogelberg (Ed.), *Handbook of Research Methods in Industrial and Organizational Psychology* (pp. 247–274). Oxford: Blackwell.

Hoffmann, M. & Kremer, S. (2019). Special Feedbackmanagement/Mitarbeiterbefragung. *HR Performance, 3*, 24–25.

Holst, S., Schütze, B. & Spyra, G. (2018). *Arbeitshilfe zur Pseudonymisierung/Anonymisierung.* Verfügbar unter: https://ds-gvo.gesundheitsdatenschutz.org/download/Pseudonymisierung-Anonymisierung.pdf

Holt, D. T., Armenakis, A. A., Feild, H. S. & Harris, S. G. (2007). Readiness for Organizational Change: The Systematic Development of a Scale. *The Journal of Applied Behavioral Science, 43*(2), 232–255. https://doi.org/10.1177/0021886306295295

Hoon, C. & Jacobs, C. D. (2014). Beyond belief: Strategic taboos and organizational identity in strategic agenda setting. *Strategic Organization, 12*(4), 244–273. https://doi.org/10.1177/1476127014544092

Hossiep, R. & Frieg, P. (2008). Der Einsatz von Mitarbeiterbefragungen in Deutschland, Österreich und der Schweiz. *Planung & Analyse, 6*, 55–59.

Hossiep, R. & Frieg, P. (2013). Mitarbeiterbefragungen in den 2000er Jahren: Eine Bestandsaufnahme. In M. E. Domsch & D. Ladwig (Hrsg.), *Handbuch Mitarbeiterbefragung* (S. 57–75). Berlin: Springer. https://doi.org/10.1007/978-3-642-35295-9_2

House, R. J., Hanges, P. J., Javidan, M., Dorfman, P. W. & Gupta, V. (2004). *Culture, leadership, and organizations: The GLOBE study of 62 societies.* Thousand Oaks, CA: Sage.

Huang, J. L., Curran, P. G., Keeney, J., Poposki, E. M. & DeShon, R. P. (2012). Detecting and Deterring Insufficient Effort Responding to Surveys. *Journal of Business and Psychology, 27*(1), 99–114. https://doi.org/10.1007/s10869-011-9231-8

Illingworth, A. J., Morelli, N. A., Scott, J. C. & Boyd, S. L. (2015). Internet-based, unproctored assessments on mobile and non-mobile devices: Usage, measurement equivalence, and outcomes. *Journal of Business and Psychology, 30*(2), 325–343.

Johnson, S. R. (1996). The Multinational Opinion Survey. In A. I. Kraut (Ed.), *Organizational Surveys: Tools for assessment and change* (pp. 310–329). San Francisco, CA: Jossey Bass.

Jolton, J. (2005). *Have you ever wondered if people who make unfavorable responses on survey also write comments on the same topic?* Paper presented at the 20th Annual Congress of the Society for Industrial Organizational Psychology (SIOP), April, *16*, Los Angeles, USA.

Jonas-Klemm, S. (2007). Unterstützung des Follow-ups durch qualitative Verfahren und Daten. In W. Bungard, K. Müller & C. Niethammer (Hrsg.), *Mitarbeiterbefragung – Was dann …?* (S. 165–170). Heidelberg: Springer.

Jöns, I. (1997). Rückmeldung der Ergebnisse an Führungskräfte und Mitarbeiter. In W. Bungard & I. Jöns (Hrsg.), *Mitarbeiterbefragung. Ein Instrument des Innovations- und Qualitätsmanagements* (S. 167–194). Weinheim: Beltz.

Jöns, I. (2007). Rolle der Führungskräfte. In W. Bungard, K. Müller & C. Niethammer (Hrsg.), *Mitarbeiterbefragung – Was dann …?* (S. 97–103). Heidelberg: Springer. https://doi.org/10.1007/978-3-540-47841-6

Jöns, I. (2018). Moderation und Erfolgsfaktoren der Feedback- und Verbesserungsprozesse. In I. Jöns & W. Bungard (Hrsg.), *Feedbackinstrumente im Unternehmen* (S. 271–290). Wiesbaden: Springer Gabler. https://doi.org/10.1007/978-3-658-20759-5_14

Jöns, I. & Bungard, W. (Hrsg.). (2018). *Feedbackinstrumente im Unternehmen* (2. Aufl.). Wiesbaden: Springer Gabler. https://doi.org/10.1007/978-3-658-20759-5

Jöns, I. & Müller, K. (2007). Ergebnisrückmeldung und Maßnahmenableitung. In W. Bungard, K. Müller & C. Niethammer (Hrsg.), *Mitarbeiterbefragung – Was dann …?* (S. 54–68). Heidelberg: Springer. https://doi.org/10.1007/978-3-540-47841-6

Joshi, A., Kale, S., Chandel, S. & Pal, D. (2015). Likert Scale: Explored and Explained. *British Journal of Applied Science & Technology, 7*(4), 396–403. https://doi.org/10.9734/BJAST/2015/14975

Kador, J. & Armstrong, K. (2010). *Perfect Phrases for Writing Employee Surveys.* New York, NY: McGraw Hill Professional.

Kelber, U. & Müller, J. H. (2019). *Mitarbeiterbefragungen.* Verfügbar unter: https://www.bfdi.bund.de/DE/Datenschutz/Themen/Arbeit_Bildung/BeschaeftigungArbeitArtikel/Mitarbeiterbefragungen.html

Kempen, R., Meier, A., Hasche, J. & Mueller, K. (2019). Optimized multi-algorithm voting: Increasing objectivity in clustering. *Expert Systems with Applications, 118*, 217–230. https://doi.org/10.1016/j.eswa.2018.09.047

Kempen, R., Meier, A. & Müller, K. (2018). Die Problematik der Messung von Werten und Wichtigkeit im Rahmen von Survey-Feedback-Prozessen. In I. Jöns & W. Bungard (Hrsg.), *Feedbackinstrumente im Unternehmen* (S. 213–228). Wiesbaden: Springer Gabler.

Keusch, F. & Zhang, C. (2017). A review of issues in gamified surveys. *Social Science Computer Review, 35*(2), 147–166. https://doi.org/10.1177/0894439315608451

Khilari, P. & Bhope, V. P. (2015). A review on speech to text conversion methods. *International Journal of Advanced Research in Computer Engineering & Technology, 4*(7), 3067–3072.

Kißler, L., Greifenstein, R. & Schneider, K. (2011). *Die Mitbestimmung in der Bundesrepublik Deutschland.* Wiesbaden: VS. https://doi.org/10.1007/978-3-531-92616-2

Klein, K. J. & Kozlowski, S. W. J. (2000). *Multilevel theory, research, and methods in organizations: Foundations, extensions, and new directions.* San Francisco, CA: Jossey Bass.

Kleingeld, A., van Mierlo, H. & Arends, L. (2011). The effect of goal setting on group performance: A meta-analysis. *Journal of Applied Psychology, 96*(6), 1289–1304. https://doi.org/10.1037/a0024315

Koch, U. (2018). Betriebsrat (Beteiligungsrechte). In U. Koch & G. Schaub (Hrsg.), *Arbeitsrecht von A-Z.* Abgerufen von https://beck-online.beck.de

Kraut, A. I. (1996). *Organizational surveys: Tools for assessment and change.* San Francisco, CA: Jossey Bass.

Kraut, A. I. (2006a). *Getting action from organizational surveys: New concepts, technologies and applications*. San Francisco, CA: Jossey Bass.

Kraut, A. I. (2006b). Moving the needle: Getting action after a survey. In A. I. Kraut (Ed.), *Getting action from organizational surveys* (pp. 1–30). San Francisco, CA: Jossey Bass.

Kremer, K. (2018). HR analytics and its moderating factors. *Vezetéstudomány/Budapest Management Review, 49*(11), 62–68. https://doi.org/10.14267/VEZTUD.2018.11.07

Krippendorff, K. (2018). *Content analysis: An introduction to its methodology*. Los Angeles, CA: Sage.

Krosnick, J. A. (1991). Response strategies for coping with the cognitive demands of attitude measures in surveys. *Applied Cognitive Psychology, 5*(3), 213–236. https://doi.org/10.1002/acp.2350050305

Krosnick, J. A., Holbrook, A. L., Berent, M. K., Carson, R. T., Hanemann, W. M., Kopp, R. J. et al. (2002). The Impact of "No Opinion" Response Options on Data Quality. *Public Opinion Quarterly, 66*(3), 371–403. https://doi.org/10.1086/341394

Krosnick, J. A. & Presser, S. (2010). Question and Questionnaire Design. In P. V. Marsden & J. D. Wright (Eds.), *Handbook of survey research* (pp. 263–313). Bingley, UK: Emerald.

Kulas, J. T., Stachowski, A. A. & Haynes, B. A. (2008). Middle Response Functioning in Likert-responses to Personality Items. *Journal of Business and Psychology, 22*(3), 251–259. https://doi.org/10.1007/s10869-008-9064-2

Kulesa, P. & Bishop, R. J. (2006). What Did They Really Mean?: New and Emerging Methods for Analyzing Themes in Open-Ended Comments. In A. I. Kraut (Ed.), *Getting Action from Organizational Surveys* (pp. 238–265). San Francisco, CA: Jossey Bass.

Lafferty, J. & Blei, D. (2009). Topic Models. In A. Srivastava & M. Sahami (Eds.), *Text Mining* (pp. 71–93). Boca Raton, FL: Chapman and Hall/CRC Press. https://doi.org/10.1201/9781420059458.ch4

Lambert, A. D. & Miller, A. L. (2015). Living with Smartphones: Does Completion Device Affect Survey Responses? *Research in Higher Education, 56*(2), 166–177. https://doi.org/10.1007/s11162-014-9354-7

Lenzner, T., Neuert, C. & Otto, W. (2016). *Kognitives Pretesting* (GESIS Survey Guidelines). Mannheim: GESIS. https://doi.org/10.15465/gesis-sg_010

Levenson, A. (2013). *The promise of big data for HR*. Los Angeles, CA: Center for Effective Organizations.

Lewin, K. (1951). *Field theory in social science: Selected theoretical papers*. Oxford, UK: Harpers.

Liebig, C. (2006). Mitarbeiterbefragungen als Interventionsinstrument. In C. Liebig (Hrsg.), *Mitarbeiterbefragungen als Interventionsinstrument* (S. 9–24). Wiesbaden: Deutscher Universitätsverlag. https://doi.org/10.1007/978-3-8350-9403-1_2

Liebig, C., Müller, K. & Bungard, W. (2004). Chancen und Tücken bei Online-Mitarbeiterbefragungen. *Wirtschaftspsychologie aktuell, 7*(2), 26–30.

Liebsch, B. (2011). *Phänomen Organisationales Lernen: Kompendium der Theorien individuellen, sozialen und organisationalen Lernens sowie interorganisationalen Lernens in Netzwerken*. München: Hampp.

Lietz, P. (2010). Research into Questionnaire Design: A Summary of the Literature. *International Journal of Market Research, 52*(2), 249–272. https://doi.org/10.2501/S147078530920120X

Likert, R. (1961). *New patterns of management*. New York, NY: McGraw-Hill.

Likert, R. (1967). *The human organization: Its management and values*. New York, NY: McGraw-Hill.

Linke, R. (2018). *Mitarbeiterbefragungen optimieren*. Wiesbaden: Springer Gabler. https://doi.org/10.1007/978-3-658-17722-5

Liu, Y., Mo, S., Song, Y. & Wang, M. (2016). Longitudinal Analysis in Occupational Health Psychology: A Review and Tutorial of Three Longitudinal Modeling Techniques. *Applied Psychology, 65*(2), 379–411. https://doi.org/10.1111/apps.12055

London, M. & Sessa, V.I. (2006). Group Feedback for Continuous Learning. *Human Resource Development Review, 5*(3), 303–329. https://doi.org/10.1177/1534484306290226

London, M. & Smither, J.W. (2002). Feedback orientation, feedback culture, and the longitudinal performance management process. *Human Resource Management Review, 12*(1), 81–100. https://doi.org/10.1016/S1053-4822(01)00043-2

Lozano, L.M., García-Cueto, E. & Muñiz, J. (2008). Effect of the Number of Response Categories on the Reliability and Validity of Rating Scales. *Methodology, 4*(2), 73–79. https://doi.org/10.1027/1614-2241.4.2.73

Lugtig, P. & Toepoel, V. (2016). The Use of PCs, Smartphones, and Tablets in a Probability-Based Panel Survey: Effects on Survey Measurement Error. *Social Science Computer Review, 34*(1), 78–94. https://doi.org/10.1177/0894439315574248

Lundby, K.M. & Johnson, J.W. (2006). Relative Weights of Predictors: What is Important When Many Forces are Operating. In A.I. Kraut (Ed.), *Getting action from organizational surveys* (pp. 326–351). San Francisco, CA: Jossey Bass.

Lüscher, L.S. & Lewis, M.W. (2008). Organizational Change and Managerial Sensemaking: Working Through Paradox. *Academy of Management Journal, 51*(2), 221–240. https://doi.org/10.5465/amj.2008.31767217

Macey, W.H. & Eldridge, L.D. (2006). National Norms Versus Consortium Data: What Do They Tell Us? In A.I. Kraut (Ed.), *Getting action from organizational surveys* (pp. 352–376). San Francisco, CA: Jossey Bass.

Macey, W.H. & Schneider, B. (2006). Employee experiences and customer satisfaction: Toward a framework for survey design with a focus on service climate. In A.I. Kraut (Ed.), *Getting action from organizational surveys* (pp. 53–75). San Francisco, CA: Jossey Bass.

MacLeod, D. & Clarke, N. (2009). *Engaging for success: Enhancing performance through employee engagement: A report to government*. London: Department for Business, Innovation and Skills. Retrieved from https://webarchive.nationalarchives.gov.uk/20090723180303/http://www.berr.gov.uk/files/file52215.pdf

Madukanya, V. (2007). Das Portfolio. In W. Bungard, K. Müller & C. Niethammer (Hrsg.), *Mitarbeiterbefragung – Was dann …?* (S. 146–154). Heidelberg: Springer. https://doi.org/10.1007/978-3-540-47841-6_4

Mann, F.C. (1961). Studying and Creating Change. In W.G. Bennis, K.D. Benne & R. Chin (Eds.), *The Planning of Change* (pp. 605–613). New York, NY: Holt.

Manski, C.F. (2006). Interpreting the predictions of prediction markets. *Economics Letters, 91*(3), 425–429. https://doi.org/10.1016/j.econlet.2006.01.004

March, J.G. & Olsen, J.P. (1975). The uncertainty of the past: Organizational learning under ambiguity. *European Journal of Political Research, 3*(2), 147–171. https://doi.org/10.1111/j.1475-6765.1975.tb00521.x

Marin, G., Gamba, R.J. & Marin, B.V. (1992). Extreme Response Style and Acquiescence among Hispanics: The Role of Acculturation and Education. *Journal of Cross-Cultural Psychology, 23*(4), 498–509. https://doi.org/10.1177/0022022192234006

Marler, J.H. & Boudreau, J.W. (2017). An evidence-based review of HR Analytics. *The International Journal of Human Resource Management, 28*(1), 3–26. https://doi.org/10.1080/09585192.2016.1244699

Mavletova, A. & Couper, M.P. (2014). Mobile Web Survey Design: Scrolling versus Paging, SMS versus E-mail Invitations. *Journal of Survey Statistics and Methodology, 2*(4), 498–518. https://doi.org/10.1093/jssam/smu015

Mazutis, D. & Slawinski, N. (2008). Leading Organizational Learning Through Authentic Dialogue. *Management Learning, 39*(4), 437–456. https://doi.org/10.1177/1350507608093713

McArdle, J.J. (2009). Latent Variable Modeling of Differences and Changes with Longitudinal Data. *Annual Review of Psychology, 60*(1), 577–605. https://doi.org/10.1146/annurev.psych.60.110707.163612

McCombs, M.E. & Shaw, D.L. (1993). The Evolution of Agenda-Setting Research: Twenty-Five Years in the Marketplace of Ideas. *Journal of Communication, 43*(2), 58–67. https://doi.org/10.1111/j.1460-2466.1993.tb01262.x

Menold, N. & Bogner, K. (2015). *Gestaltung von Ratingskalen in Fragebögen* (GESIS Survey Guidelines). Mannheim: GESIS. https://doi.org/10.15465/sdm-sg_015

Meyer, J.P. & Allen, N.J. (1991). A three-component conceptualization of organizational commitment. *Human Resource Management Review, 1*(1), 61–89. https://doi.org/10.1016/1053-4822(91)90011-Z

Mohammed, S., Ferzandi, L. & Hamilton, K. (2010). Metaphor No More: A 15-Year Review of the Team Mental Model Construct. *Journal of Management, 36*(4), 876–910. https://doi.org/10.1177/0149206309356804

Mowday, R.T., Porter, L.W. & Steers, R.M. (2013). *Employee-Organization linkages: The psychology of commitment, absenteeism, and turnover*. New York, NY: Academic Press.

Mueller, K., Straatmann, T., Hattrup, K. & Jochum, M. (2014). Effects of Personalized Versus Generic Implementation of an Intra-Organizational Online Survey on Psychological Anonymity and Response Behavior: A Field Experiment. *Journal of Business and Psychology, 29*(2), 169–181. https://doi.org/10.1007/s10869-012-9262-9

Mühlbacher, A., Nübling, M., Uneregger, E. & Niebling, W. (2003). Mitarbeiterbefragung in Hausarztpraxen. *Zeitschrift für Allgemeinmedizin, 79*(11), 535–540. https://doi.org/10.1055/s-2003-44777

Müller, K., Bungard, W., Jöns, I. & Liebig, C. (2007). Mitarbeiterbefragungen planen und durchführen. In W. Bungard, K. Müller & C. Niethammer (Hrsg.), *Mitarbeiterbefragung – Was dann …?* (S. 5–67). Heidelberg: Springer. https://doi.org/10.1007/978-3-540-47841-6_2

Müller, K., Fauth, T. & Straatmann, T. (2011). Authentische Arbeitgebermarke. *Personal, 63*(1), 22–24.

Müller, K., Hattrup, K. & Straatmann, T. (2011). Globally surveying in English: Investigation of the measurement equivalence of a job satisfaction measure across bilingual and native English speakers. *Journal of Occupational and Organizational Psychology, 84*(3), 618–624. https://doi.org/10.1348/096317910X493585

Müller, K., Kohnke, O., Kempen, R. & Straatmann, T. (2018). Innovations- und Veränderungsmanagement. In S. Greif & K.-C. Hamborg (Hrsg.), *Methoden der Arbeits-, Organisations- und Wirtschaftspsychologie* (Enzyklopädie der Psychologie, B/III/3, S. 57–64). Göttingen: Hogrefe. https://doi.org/10.1026/01515-000

Müller, K., Liebig, C., Straatmann, T. & Bungard, W. (2010). Puls- und Change-Befragungen. Zeitgemäße Instrumente zur Steuerung und Evaluation von Organisationsentwicklungs- und Veränderungsprozessen. *Organisations Entwicklung, 29*(3), 66–71.

Müller, K. & Metzger, M. (2010). Internationale Mitarbeiterbefragungen als unternehmenskulturelles Evaluations-und Integrationsinstrument. In C. Barmeyer & J. Bolten (Hrsg.), *Interkulturelle Personal-und Organisationsentwicklung* (S. 167–184). Sternenfels: Verlag Wissenschaft & Praxis.

Müller, K. & Reinmuth, S.I. (2005). Die Erfassung von Mitarbeitereinstellungen im multinationalen Kontext. In I. Jöns & W. Bungard (Hrsg.), *Feedbackinstrumente im Unternehmen* (S. 239–252). Wiesbaden: Gabler. https://doi.org/10.1007/978-3-322-82510-0_15

Müller, K., Schumacher, S., Straatmann, T. & Hartmann, D. (2018). *Benchmark: Nachhaltiges Engagement*. Verfügbar unter: https://www.haufe.de/personal/hr-management/hr-kennzahlen-nachhaltiges-engagement_80_478184.html

Müller, K. & Straatmann, T. (2007). Mitarbeiterbefragungs-Marketing. In W. Bungard, K. Müller & C. Niethammer (Hrsg.), *Mitarbeiterbefragung – Was dann …?* (S. 111–119). Heidelberg: Springer. https://doi.org/10.1007/978-3-540-47841-6

Müller, K., Straatmann, T., Racky, S., Bladowski, B., Madukanya, V., Winter, S. et al. (2007). Follow-up-Prozesse konkret gestalten: Follow-up-Instrumente. In W. Bungard, K. Müller & C. Niethammer (Hrsg.), *Mitarbeiterbefragung – Was dann …?* (S. 109–178). Heidelberg: Springer. https://doi.org/10.1007/978-3-540-47841-6_4

Müller, W., König, S., Ebner, E. & Schneider, N. (2018). Arbeitgebermarke als Rahmen für Feedbackprozesse in der BBBank. In I. Jöns & W. Bungard (Hrsg.), *Feedbackinstrumente im Unternehmen* (S. 439–454). Wiesbaden: Springer Gabler. https://doi.org/10.1007/978-3-658-20759-5_25

Nadler, D.A. (1976). The Use of Feedback for Organizational Change: Promises and Pitfalls. *Group & Organization Studies, 1*(2), 177–186. https://doi.org/10.1177/105960117600100205

Neuberger, O. (1996). Die wundersame Verwandlung der Belegschaft in Unternehmerschaft mittels der Kundschaft. *Augsburger Beiträge zu Organisationspsychologie und Personalwesen, 18*, 1–55.

Neuman, G.A., Edwards, J.E. & Raju, N.S. (1989). Organizational Development Interventions: A Meta-Analsyis of their effects on Satifaction and other Attitudes. *Personnel Psychology, 42*(3), 461–489. https://doi.org/10.1111/j.1744-6570.1989.tb00665.x

Nieder, P. (2013). Mitarbeiterbefragung und betriebliches Gesundheitsmanagement (BGM). In M.E. Domsch & D. Ladwig (Hrsg.), *Handbuch Mitarbeiterbefragung* (S. 203–220). Berlin: Springer. https://doi.org/10.1007/978-3-642-35295-9_9

Niethammer, C. & Müller, K. (2007). Sicherung der Nachhaltigkeit von Mitarbeiterbefragungen. In W. Bungard, K. Müller & C. Niethammer (Hrsg.), *Mitarbeiterbefragung – Was dann …?* (S. 78–84). Heidelberg: Springer. https://doi.org/10.1007/978-3-540-47841-6

Olbert-Bock, S. & Lévy-Tödter, M. (2019). Sustainable Resources Leadership – Gestaltung der Digitalisierung unter dem Fokus der Nachhaltigkeit. In M. Englert & A. Ternès (Hrsg.), *Nachhaltiges Management* (S. 345–368). Berlin: Springer. https://doi.org/10.1007/978-3-662-57693-9_17

O'Muircheartaigh, C., Krosnick, J.A. & Helic, A. (2000). *Middle Alternatives, Acquiescence, and the Quality of Questionnaire Data*. Working Paper, Harris School of Public Policy Studies, University of Chicago.

Pang, B. & Lee, L. (2008). Opinion Mining and Sentiment Analysis. *Foundations and Trends in Information Retrieval, 2*(1–2), 1–135. https://doi.org/10.1561/1500000011

Pape, T. (2016). Prioritising data items for business analytics: Framework and application to human resources. *European Journal of Operational Research, 252*(2), 687–698. https://doi.org/10.1016/j.ejor.2016.01.052

Parkington, J.J. & Schneider, B. (1979). Some correlates of experienced job stress: A boundary role study. *Academy of Management Journal, 22*(2), 270–281. https://doi.org/10.2307/255589

Pashalidis, A. & Mitchell, C.J. (2003). A Taxonomy of Single Sign-On Systems. In R. Safavi-Naini & J. Seberry (Eds.), *Information Security and Privacy* (pp. 249–264). Berlin: Springer. https://doi.org/10.1007/3-540-45067-X_22

Passmore, D.L., Cebeci, E.D. & Baker, R.M. (2005). Market-Based Information for Decision Support in Human Resource Development. *Human Resource Development Review, 4*(1), 33–48. https://doi.org/10.1177/1534484304273843

Paterson, T.A., Luthans, F. & Jeung, W. (2014). Thriving at work: Impact of psychological capital and supervisor support. *Journal of Organizational Behavior, 35*(3), 434–446. https://doi.org/10.1002/job.1907

Pitkänen, H. & Lukka, K. (2011). Three dimensions of formal and informal feedback in management accounting. *Management Accounting Research, 22*(2), 125–137. https://doi.org/10.1016/j.mar.2010.10.004

Poggio, T., Bosnjak, M. & Weyandt, K. (2015). Survey Participation via Mobile Devices in a Probability-based Online-Panel: Prevalence, Determinants, and Implications for Nonresponse. *Survey Practice, 8*(1), 1–7. https://doi.org/10.29115/SP-2015-0002

Porath, C., Spreitzer, G., Gibson, C. & Garnett, F.G. (2012). Thriving at work: Toward its measurement, construct validation, and theoretical refinement. *Journal of Organizational Behavior, 33*(2), 250–275. https://doi.org/10.1002/job.756

Porras, J.I. & Berg, P.O. (1978). The Impact of Organization Development. *Academy of Management Review, 3*(2), 249–266. https://doi.org/10.5465/amr.1978.4294860

Puleston, J. (2011). Online research – game on!: A look at how gaming techniques can transform your online research. *Proceedings of the 6th ASC (Association for Survey Computing) International Conference, Bristol, UK,* 20–50.

Racky, S. (2007). Training für Führungskräfte. In W. Bungard, K. Müller & C. Niethammer (Hrsg.), *Mitarbeiterbefragung – Was dann …?* (S. 120–132). Heidelberg: Springer. https://doi.org/10.1007/978-3-540-47841-6_4

Rasmussen, T. & Ulrich, D. (2015). Learning from practice: How HR analytics avoids being a management fad. *Organizational Dynamics, 44*(3), 236–242. https://doi.org/10.1016/j.orgdyn.2015.05.008

Rassenfoss Johnson, S. (2006). Preparing and Presenting Survey Results to Influence Audiences. In A.I. Kraut (Ed.), *Getting action from organizational surveys* (pp. 377–400). San Francisco, CA: Jossey Bass.

Resnick, M.L. (2003). Situation awareness applications to executive dashboard design. *Proceedings of the Human Factors and Ergonomics Society Annual Meeting, 47*, 449–453.

Revilla, M.A., Saris, W.E. & Krosnick, J.A. (2014). Choosing the Number of Categories in Agree-Disagree Scales. *Sociological Methods & Research, 43*(1), 73–97. https://doi.org/10.1177/0049124113509605

Riketta, M. (2002). Attitudinal organizational commitment and job performance: A meta-analysis. *Journal of Organizational Behavior, 23*(3), 257–266. https://doi.org/10.1002/job.141

Roberts, M.E., Stewart, B.M., Tingley, D., Lucas, C., Leder-Luis, J., Gadarian, S.K. et al. (2014). Structural Topic Models for Open-Ended Survey Responses. *American Journal of Political Science, 58*(4), 1064–1082. https://doi.org/10.1111/ajps.12103

Robertson, I.T. & Cooper, C.L. (2010). Full engagement: The integration of employee engagement and psychological well-being. *Leadership & Organization Development Journal, 31*(4), 324–336. https://doi.org/10.1108/01437731011043348

Rogelberg, S.C., Spitzmüller, C., Little, I. & Reeve, C.L. (2006). Understanding response behavior to an online special topics organizational satisfaction survey. *Personnel Psychology, 59*(4), 903–923. https://doi.org/10.1111/j.1744-6570.2006.00058.x

Rogelberg, S.G., Conway, J.M., Sederburg, M.E., Spitzmüller, C., Aziz, S. & Knight, W.E. (2003). Profiling Active and Passive Nonrespondents to an Organizational Survey. *Journal of Applied Psychology, 88*(6), 1104–1114. https://doi.org/10.1037/0021-9010.88.6.1104

Roth, P.L. & BeVier, C.A. (1998). *Response Rates in HRM/OB Survey Research: Norms and Correlates*, 1990–1994. *Journal of Management, 24*(1), 97–117. https://doi.org/10.1177/014920639802400107

Ryan, A.M., Chan, D., Ployhart, R.E. & Slade, L.A. (1999). Employee attitude surveys in a multinational organization: Considerung language and culture in assessing measurement equivalence. *Personnel Psychology, 52*(1), 37–58. https://doi.org/10.1111/j.1744-6570.1999.tb01812.x

Saari, L.M. & Scherbaum, C.A. (2011). Identified Employee Surveys: Potential Promise, Perils, and Professional Practice Guidelines. *Industrial and Organizational Psychology, 4*, 435–448. https://doi.org/10.1111/j.1754-9434.2011.01369.x

Sasser, W.E., Schlesinger, L.A. & Heskett, J.L. (1997). *Service profit chain*. New York, NY: Simon & Schuster.

Sattelberger, T. (2007). Geleitwort. In W. Bungard, K. Müller & C. Niethammer (Hrsg.), *Mitarbeiterbefragung – Was dann ...?* (S. V–VI). Heidelberg: Springer. https://doi.org/10.1007/978-3-540-47841-6

Schiemann, W.A. & Morgan, B.S. (2006). Strategic surveys: Linking people to business strategy. In A.I. Kraut (Ed.), *Getting action from organizational surveys* (pp. 76–101). San Francisco, CA: Jossey Bass.

Schmalz, A. (2019). Maschinelle Übersetzung. In V. Wittpahl (Hrsg.), *Künstliche Intelligenz* (S. 194–211). Berlin: Springer. https://doi.org/10.1007/978-3-662-58042-4_12

Schneider, B. (1973). The perception of organizational climate: The customer's view. *Journal of Applied Psychology, 57*(3), 248–256. https://doi.org/10.1037/h0034724

Schneider, B., White, S.S. & Paul, M.C. (1998). Linking service climate and customer perceptions of service quality: Test of a causal model. *The Journal of Applied Psychology, 83*(2), 150–163.

Schneider, M. & Somers, M. (2006). Organizations as complex adaptive systems: Implications of Complexity Theory for leadership research. *The Leadership Quarterly, 17*(4), 351–365. https://doi.org/10.1016/j.leaqua.2006.04.006

Schroer, J. & Wittchen, M. (2015). Stakeholder und Kommunikation. In F. Gehring, J. Schroer, H. Rexroth & A. Bischof (Hrsg.), *Die Mitarbeiterbefragung – Wie Sie das Feedback Ihrer Mitarbeiter für den Unternehmenserfolg nutzen* (S. 32–39). Stuttgart: Schäffer-Poeschel.

Schuler, H. (2014). *Psychologische Personalauswahl: Eignungsdiagnostik für Personalentscheidungen und Berufsberatung* (4. Aufl.). Göttingen: Hogrefe.

Schuler, H. & Mussel, P. (2016). *Einstellungsinterviews vorbereiten und durchführen*. Göttingen: Hogrefe. https://doi.org/10.1026/02397-000

Schwarz, N. & Strack, F. (1991). Context Effects in Attitude Surveys: Applying Cognitive Theory to Social Research. *European Review of Social Psychology, 2*(1), 31–50. https://doi.org/10.1080/14792779143000015

Senge, P.M. (2006). *The fifth discipline: The art and practice of the learning organization*. London, UK: Random House.

Sheehan, K.B. (2006). E-mail Survey Response Rates: A Review. *Journal of Computer-Mediated Communication*. https://doi.org/10.1111/j.1083-6101.2001.tb00117.x

Sheehan, K.B. & McMillan, S.J. (1999). Response variation in e-mail surveys: An exploration. *Journal of Advertising Research, 39*(4), 45–54.

Shoobridge, G. (2017). *Ensure "authentic and meaningful" employee survey participation*. Retrieved from https://www.linkedin.com/pulse/how-ensure-authentic-meaningful-survey-participation-shoobridge/

Shteynberg, G. & Galinsky, A. D. (2011). Implicit coordination: Sharing goals with similar others intensifies goal pursuit. *Journal of Experimental Social Psychology, 47*(6), 1291–1294. https://doi.org/10.1016/j.jesp.2011.04.012

Shuck, B. & Rose, K. (2013). Reframing Employee Engagement Within the Context of Meaning and Purpose: Implications for HRD. *Advances in Developing Human Resources, 15*(4), 341–355. https://doi.org/10.1177/1523422313503235

Smith, F. J. (2014). *Organizational Surveys: The Diagnosis and Betterment of Organizations Through Their Members*. New York, NY: Psychology Press. https://doi.org/10.4324/9781410607270

Smith, P. B. (2004). Acquiescent Response Bias as an Aspect of Cultural Communication Style. *Journal of Cross-Cultural Psychology, 35*(1), 50–61. https://doi.org/10.1177/0022022103260380

Smith, W. K. & Lewis, M. W. (2011). Toward a Theory of Paradox: A Dynamic equilibrium Model of Organizing. *Academy of Management Review, 36*(2), 381–403. https://doi.org/10.5465/amr.2009.0223

Sousa-Poza, A. & Sousa-Poza, A. A. (2000). Well-being at work: A cross-national analysis of the levels and determinants of job satisfaction. *The journal of socio-economics, 29*(6), 517–538. https://doi.org/10.1016/s1053-5357(00)00085-8

Spaeth, J. L. & O'Rourke, D. P. (1994). Designing and Implementing the National Organizations Study. *American Behavioral Scientist, 37*(7), 872–890. https://doi.org/10.1177/0002764294037007003

Spreitzer, G. M. & Porath, C. L. (2014). Self-Determination as a Nutriment for Thriving. In M. Gagné (Ed.), *The Oxford Handbook of Work Engagement, Motivation, and Self-Determination Theory* (pp. 245–258). New York, NY: Oxford University Press. https://doi.org/10.1093/oxfordhb/9780199794911.013.016

Spreitzer, G., Sutcliffe, K., Dutton, J., Sonenshein, S. & Grant, A. M. (2005). A Socially Embedded Model of Thriving at Work. *Organization Science, 16*(5), 537–549. https://doi.org/10.1287/orsc.1050.0153

Steers, R. M. (1977). Antecedents and Outcomes of Organizational Commitment. *Administrative Science Quarterly, 22*(1), 46–56. https://doi.org/10.2307/2391745

Stegmaier, R. (2016). *Management von Veränderungsprozessen*. Göttingen: Hogrefe.

Stephany, U., Gutzan, S. & Schultz-Gambard, J. (2012). Wenn die Großen fragen. Wie und mit welchen Zielsetzungen führen deutsche Großunternehmen ihre Mitarbeiterbefragungen durch? *Personalwirtschaft, 5*, 64–66.

Straatmann, T., Kohnke, O., Hattrup, K. & Mueller, K. (2016). Assessing Employees' Reactions to Organizational Change: An Integrative Framework of Change-Specific and Psychological Factors. *The Journal of Applied Behavioral Science, 52*(3), 265–295. https://doi.org/10.1177/0021886316655871

Straatmann, T., Schumacher, S., Hofschröer, P., Hartmann, D. & Müller, K. (2018). *Benchmark: Interpretation der HR-Kennzahlen aus Mitarbeiterbefragungen*. Verfügbar unter: https://www.haufe.de/personal/hr-management/hr-kennzahlen_80_481674.html

Thompson, L. F. & Surface, E. A. (2009). Promoting Favorable Attitudes Toward Personnel Surveys: The Role of Follow-Up. *Military Psychology, 21*(2), 139–161. https://doi.org/10.1080/08995600902768693

Timmermann, P. (2019). *Elektronische Mitarbeiterbefragung und Mitbestimmung des Betriebsrats: Die aktuelle Entscheidung des BAG*. Verfügbar unter: https://efarbeitsrecht.net/elektronische-mitarbeiterbefragung/

Tomaskovic-Devey, D., Leiter, J. & Thompson, S. (1994). Organizational Survey Nonresponse. *Administrative Science Quarterly, 39*(3), 439. https://doi.org/10.2307/2393298

Tourangeau, R., Rips, L. J. & Rasinski, K. (2000). *The Psychology of Survey Response*. New York, NY: Cambridge University Press. https://doi.org/10.1017/CBO9780511819322

Turner, G., van Zoonen, L. & Adamou, B. (2014). Research through gaming: Public perceptions of (the future of) identity management. *SAGE Research Methods Cases*. https://doi.org/10.4135/978144627305013496519

van de Vijver, F. J. R. & Leung, K. (1997). *Methods and data analysis for cross-cultural research*. Thousand Oaks, CA: Sage.

van de Vijver, F. J. R. & Poortinga, Y. H. (1997). Towards an Integrated Analysis of Bias in Cross-Cultural Assessment. *European Journal of Psychological Assessment, 13*(1), 29–37. https://doi.org/10.1027/1015-5759.13.1.29

Vandenberg, R. J. & Lance, C. E. (2000). A Review and Synthesis of the Measurement Invariance Literature: Suggestions, Practices, and Recommendations for Organizational Research. *Organizational Research Methods, 3*(1), 4–70. https://doi.org/10.1177/109442810031002

van Dick, R. (2017). *Identifikation und Commitment fördern* (2. Aufl.). Göttingen: Hogrefe.

Veenhoven, R. (2012). Cross-national differences in happiness: Cultural measurement bias or effect of culture? *International Journal of Wellbeing, 2*(4), 333–353. https://doi.org/10.5502/ijw.v2.i4.4

W3C (o. J.). *Richtlinien für barrierefreie Webinhalte (WCAG) 2.0. Autorisierte deutsche Übersetzung.* Verfügbar unter: https://www.w3.org/Translations/WCAG20-de/

Walumbwa, F. O., Muchiri, M. K., Misati, E., Wu, C. & Meiliani, M. (2018). Inspired to perform: A multilevel investigation of antecedents and consequences of thriving at work. *Journal of Organizational Behavior, 39*(3), 249–261. https://doi.org/10.1002/job.2216

Watkins, D. & Cheung, S. (1995). Culture, Gender, and Response Bias: An Analysis of Responses to the Self-Description Questionnaire. *Journal of Cross-Cultural Psychology, 26*(5), 490–504. https://doi.org/10.1177/0022022195265003

Weijters, B., Cabooter, E. & Schillewaert, N. (2010). The effect of rating scale format on response styles: The number of response categories and response category labels. *International Journal of Research in Marketing, 27*(3), 236–247. https://doi.org/10.1016/j.ijresmar.2010.02.004

Weng, L.-J. (2004). Impact of the Number of Response Categories and Anchor Labels on Coefficient Alpha and Test-Retest Reliability. *Educational and Psychological Measurement, 64*(6), 956–972. https://doi.org/10.1177/0013164404268674

Werther, S. (2015). *Einführung in Feedbackinstrumente in Organisationen: Vom 360°-Feedback bis hin zur Mitarbeiterbefragung*. Wiesbaden: Springer. https://doi.org/10.1007/978-3-658-10497-9

Werther, S. & Woschée, R. (2018). Die Zukunft von Feedback in Unternehmen – zwischen mobilen Apps und Echtzeit-Dashboards? In I. Jöns & W. Bungard (Hrsg.), *Feedbackinstrumente im Unternehmen* (S. 229–242). Wiesbaden: Springer Gabler. https://doi.org/10.1007/978-3-658-20759-5_11

Whelan, T. J. (2015). *Response Rates in 21st Century Organizational Survey Research: A Conceptual Model and Meta-analysis*. Dissertation, North Carolina State University. Retrieved from https://repository.lib.ncsu.edu/bitstream/handle/1840.16/10384/etd.pdf?sequence=1

Wiley, J. (2010). *Strategic employee surveys: Evidence-based guidelines for driving organizational success*. San Francisco, CA: Wiley.

Willis Towers Watson. (2017). *Trends bei Mitarbeiterbefragungen 2017: Ergebnisse des Befragungsmonitors*. Verfügbar unter: https://www.willistowerswatson.com/de-DE/insights/2017/08/Infografik-Befragungsmonitor-Trends-bei-Mitarbeiterbefragungen-2017

Youssefnia, D. & Berwald, M. (2003, April). *An exploratory look at the response rates of sample, census, special topic and broad-based surveys*. Paper presented at the Annual Convention of the Society for Industrial and Organizational Psychology, Chicago, IL, United States.

Yusof, S.M. & Aspinwall, E. (2000). Total quality management implementation frameworks: Comparison and review. *Total Quality Management, 11*(3), 281–294. https://doi.org/10.1080/0954412006801

Zhang, Y., Waldman, D.A., Han, Y.-L. & Li, X.-B. (2015). Paradoxical Leader Behaviors in People Management: Antecedents and Consequences. *Academy of Management Journal, 58*(2), 538–566. https://doi.org/10.5465/amj.2012.0995

Zinth, C.-P. (2008). *Organisationales Lernen als subjektbezogener Lernprozess: Eine empirische Untersuchung zur Entwicklung von Theorie und Praxis*. München: Hampp.

8 Sachregister